陕西省通用安装工程消耗量定额

（2025）

第十二册　防腐蚀、绝热工程

批准部门：陕西省住房和城乡建设厅
主编单位：陕西省建设工程造价服务中心
参编单位：陕西化建工程有限责任公司
软件支持：广联达西安科技有限公司
实施日期：2025年7月1日

中国计划出版社
北　京

本书编委会

总　　编： 李卫军

副 总 编： 张　丹　陈永兵　崔建明　原　波　杜产阳

本册编写人员名单

主　　编： 赵启哲　贺渤伦

副 主 编： 赵玉兰　曹　方　庄智斌

编写人员： 许泽梅　商　艳　武　波　梁　煜　王全胜　任　伟
张　铭　金　平　刘值金

软件操作： 郭继庆　路燚桓

总 说 明

一、《陕西省通用安装工程消耗量定额（2025）》共分十二册，包括：

第一册　机械设备安装工程

第二册　热力设备安装工程

第三册　静置设备与工艺金属结构制作安装工程

第四册　电气设备与线缆安装工程

第五册　建筑智能化安装工程

第六册　自动化控制仪表安装工程

第七册　通风空调安装工程

第八册　工业管道安装工程

第九册　消防安装工程

第十册　给排水、采暖、燃气安装工程

第十一册　信息通信设备与线缆安装工程

第十二册　防腐蚀、绝热工程

二、《陕西省通用安装工程消耗量定额（2025）》（以下简称“本定额”）是完成规定计量单位分部分项工程所需的人工、材料、施工机械台班、仪器仪表台班的消耗量标准。

三、本定额适用于工业与民用新建、扩建和改建工程项目中的通用安装工程。

四、本定额是在2021年《陕西省安装工程消耗量定额》基础上，以国家和有关行业发布的现行设计规程或规范、施工及验收规范、技术操作规程、质量评定标准、产品标准和安全操作规程、绿色建造规定等，并结合我省实际进行编制。

五、本定额是按照正常施工组织和施工条件，国内大多数施工企业采用的施工方法、机械装备水平、合理的劳动组织及工期进行编制。

1. 设备、材料、成品、半成品、构配件完整无损，符合质量标准和设计要求，附有合格证书和检验、试验合格记录。

2. 安装工程和土建工程之间的交叉作业合理、正常。

3. 安装地点、建筑物实体、设备基础、预留孔洞、预埋件等均符合安装设计要求。

4. 正常的气候、地理条件和施工环境。

5. 水、电供应均满足安装工程正常使用。

六、本定额未包括的项目，可按其他专业相应消耗量定额执行。

七、关于人工：

1. 人工以综合工日表示。

2. 人工消耗量包括基本用工、辅助用工和人工幅度差。

3. 人工每工日按照8小时工作制计算。

八、关于材料：

1. 材料泛指原材料、成品、半成品。包括施工中主要材料、辅助材料、周转材料和其他材料。在项目中以“（×××）”表示的材料为主要材料。

2. 材料用量：

（1）材料用量包括净用量和损耗量。

（2）材料损耗量包括从工地仓库运至安装堆放地点或现场加工地点运至安装地点的搬运损耗、安装操作损耗、安装地点堆放损耗。

（3）材料损耗量不包括场外的运输损失、仓库（含露天堆场）地点或现场加工地点保管损耗、由于材料规格和质量不符合要求而报废的数量；不包括规范、设计文件规定的预留量、搭接量、冗余量。

3. 项目中列出的周转性材料用量是按照不同施工方法、考虑不同工程项目类别、选取不同材料规格综合计算出的摊销量。

4. 对于用量少、低值易耗的零星材料，列为其他材料。按照消耗性材料费用比例计算。

九、关于机械：

1. 施工机械是按照常用机械、合理配备考虑，同时结合施工企业的机械化能力与水平等情况综合确定。

2. 施工机械台班消耗量是按照机械正常施工效率并考虑机械施工适当幅度差综合取定。

3. 原单位价值在2000元以内、使用年限在一年以内不构成固定资产的施工机械，不列入机械台班消耗量，其消耗的燃料动力等综合在其他材料费中。

4. 机械台班按每台班8小时工作制计算。

十、关于仪器仪表：

1. 仪器仪表是按照正常施工组织、施工技术水平考虑，同时结合市场实际情况综合确定。

2. 仪器仪表台班消耗量是按照仪器仪表正常使用率，并考虑必要的检验检测及适当幅度差综合取定。

3. 原单位价值在2000元以内、使用年限在一年以内不构成固定资产的仪器仪表，不列入仪器仪表台班消耗量，其消耗的燃料动力等综合在其他材料费中。

十一、关于水平运输和垂直运输：

1. 水平运输：

（1）水平运输距离是指由施工单位现场仓库或指定堆放地点运至安装地点或垂直运输点的距离。设备水平运距按照200m、材料（含成品、半成品）水平运距按照300m综合取定，执行时不做调整。

（2）项目中未考虑场外运输和场内二次搬运。工程实际发生时应根据有关规定另行计算。

2. 垂直运输：

（1）垂直运输基准面为室外地坪。

（2）垂直运输是按照建筑物层数6层以下、建筑高度20m以下、地下深度10m以内考虑，工程实际超过时，应计算建筑物超高（深）增加费。

十二、关于安装操作高度：

1. 安装操作基准面一般是指室外地坪或室内各层楼地面地坪。

2. 安装操作高度是指安装操作基准面至安装点的垂直高度。除各册另有规定者外，安装操作高度综合取定为6m以内。工程实际超过时，应计算安装操作高度增加费。

十三、关于建筑超高（深）增加费：

1. 建筑超高（深）增加费是指在建筑物层数6层以上、建筑高度20m以上、地下深度10m以上的建筑施工时，应计算建筑超高（深）需要增加的安装费。各册另有规定者除外。

2. 建筑超高（深）增加费包括人工降效、使用机械（含仪器仪表、工具用具）降效、延长垂直运输时间等费用。

3. 建筑超高（深）增加费，以单位工程（群体建筑以车间或单栋楼设计为准）全部工程量（含地下、地上部分）为基数，按照系数法计算。系数详见各册说明。

4. 单位工程（群体建筑以车间或单栋楼设计为准）满足建筑高度、建筑物层数、地下深度之一者，均应计算建筑超高（深）增加费。

十四、关于脚手架搭拆：

1. 脚手架搭拆是根据施工组织设计、满足安装需要所采取的安装措施。脚手架搭拆除满足自身安全外，不包括工程项目安全、环保、文明等工作内容。

2. 脚手架搭拆综合考虑了不同的结构形式、材质、规模、占用时间等要素，执行时不做调整。

3. 在同一个单位工程内有若干专业安装时，凡符合脚手架搭拆计算规定者，应分别计算脚手架搭拆费用。

十五、本定额中没有考虑施工与生产同时进行、在有害身体健康（防腐工程、检测项目除外）条件下施工时的降效，工程实际发生时按各册相关规定另行计算。

十六、本定额适用于海拔 2000m 以下地区。

十七、本定额中注有“××以内”或“××以下”者，均包括××本身；注有“××以外”或“××以上”者，则不包括××本身。

十八、凡本说明未尽事宜，详见各册说明。

十九、本定额的解释和日常管理，由陕西省建设工程造价服务中心负责。

目　录

第六章　喷镀（涂）工程

第七章　块材衬里工程

第八章　管道补口补伤工程

第九章　阴极保护工程

第十章　绝热工程

附　录

册 说 明

一、第十二册《防腐蚀、绝热工程》适用于新建、扩建项目中的设备、管道、金属结构等的除锈、防腐蚀、绝热工程。

二、本册主要依据的规范标准有：

1.《工业设备及管道防腐蚀工程技术规范》GB/T 50726—2023；

2.《工业设备及管道绝热工程施工质量验收标准》GB/T 50185—2019；

3.《工业设备及管道绝热工程设计规范》GB 50264—2013；

4.《石油化工绝热工程施工质量验收规范》GB 50645—2011；

5.《涂覆涂料前钢材表面处理 表面清洁度的目视评定 第 1 部分：未涂覆过的钢材表面和全面清除原有涂层后的钢材表面锈蚀等级和处理等级》GB/T 8923.1—2011；

6.《涂覆涂料前钢材表面处理 表面清洁度的目视评定 第 2 部分：已涂覆过的钢材表面局部清除原有涂层后的处理等级》GB/T 8923.2—2008；

7.《橡胶衬里 第 1 部分：设备防腐衬里》GB/T 18241.1—2014；

8.《乙烯基酯树脂防腐蚀工程技术规范》GB/T 50590—2010；

9.《钢结构防火涂料》GB 14907—2018；

10.《耐酸砖》GB/T 8488—2008；

11.《绝热用岩棉、矿渣棉及其制品》GB/T 11835—2016；

12.《设备与管道绝热 保温》08K507-1，08R418-1；

13.《设备与管道绝热 保冷》08K507-2，08R418-2；

14.《柔性泡沫橡塑绝热制品》GB/T 17794—2021；

15. 其他相关标准图集、技术手册等。

三、本册除各章另有说明外，均包括施工准备、材料及工机具场内运输、临时移动水源与电源、废弃涂料桶和涂刷用具集中堆放、配合检查验收等。

四、本册不包括下列工作内容，发生时应另行计算：

1. 材料性能检验、试验。

2. 废弃涂料桶和涂刷用具回收或处理。

五、下列费用可按系数分别计算：

1. 脚手架搭拆费：防腐蚀工程按照安装工程人工费的 6%；绝热工程按安装工程人工费的 10%；其费用中人费为 40%，材料费为 50%、机械费为 10%。

高度超过 25m 设备防腐蚀、绝热脚手架按照施工方案单独计列；箱、罐内部防腐蚀施工脚手架，根据施工方案执行《陕西省房屋建筑与装饰工程消耗量定额（2025）》相应脚手架乘以系数 1.20。

2. 安装高度超过安装操作基准面 6m 时，安装操作高度增加费应按照相应项目人工费乘以下表系数计算。

安装操作高度增加费系数表

安装高度距离安装操作基准面（m）	≤ 10	≤ 30	≤ 50	＞ 50
系数	0.1	0.3	0.5	0.75

3. 建筑超高、超深增加费，应按照下表规定系数计算。其中：人工费为 36.50%，机械与仪器仪表为 63.50%。

建筑超高、超深增加费系数表

建筑物高度（m 以内）	40	60	80	100	120	140	160	180	200
建筑物层数（层以内）	12	18	24	30	36	42	48	54	60
地下深度（m 以内）	20	30	40						
按照人工费计算（%）	3.0	6.0	10.0	16.0	22.0	28.0	34.0	40.0	46.0

注：建筑物层数大于 60 层时，以 60 层为基础，按每增加一层增加 1.0%计算。

4. 安装与生产同时进行增加的费用，应按安装工程人工费的 6%计取。

5. 在有害身体健康的环境中施工降效增加的费用，应按安装工程人工费的 6%计取。

6. 拆除费用（现场变更等因素需要拆除的项目），应按相应安装项目人工费、机械费的 40%，材料费的 5%计算。

六、站内工艺系统调整费按照各站工艺系统内全部安装工程人工费 10%计算。其中：人工费为 40%，材料费为 10%，机械费为 50%。在计算系统调试费时，须遵守下列规定：

1. 站内系统调整费是指独立的制冷站（库）、空气压缩站、乙炔发生站、水压机蓄势站、制氧站、煤气站等工程。

七、金属结构：

1. 大型型钢钢结构是指 H 型钢结构或钢板焊接 BH 结构任何一边大于 300mm 的钢结构。

2. 管廊钢结构是指除管廊上的平台、栏杆、梯子以及大型型钢钢结构以外的钢结构。

3. 一般钢结构是指除大型型钢钢结构和管廊钢结构以外的其他钢结构，包括平台、栏杆、梯子、管道支架及其他金属构件。

第一章

除锈工程

第一章

钳工常识

说 明

一、本章内容包括金属表面的手工除锈、动力除锈、喷射除锈、抛丸除锈及化学除锈工程。

二、各种管件、阀件及设备上人孔、管口凸凹部分的除锈已综合考虑在相应项目内，不另行计算。

三、除锈区分标准：

1. 手工、动力工具除锈锈蚀标准分为轻、中两种。

轻锈：已发生锈蚀，并且部分氧化皮已经剥落的钢材表面。

中锈：氧化皮已因锈蚀而剥落，或者可以刮除，并且有少量点蚀的钢材表面。

2. 手工、动力工具除锈过的钢材表面分为 ST2 和 ST3 两个标准。

ST2 标准：钢材表面应无可见的油脂和污垢，并且没有附着不牢的氧化皮、铁锈和涂料涂层等附着物。

ST3 标准：钢材表面应无可见的油脂和污垢，并且没有附着不牢的氧化皮、铁锈和涂料涂层等附着物。除锈应比 ST2 标准更为彻底，底材显露出部分的表面应具有金属光泽。

3. 喷射除锈过的钢材表面分为 SA2、SA2.5 和 SA3 三个标准。

SA2 级：彻底的喷射或抛射除锈。

钢材表面应无可见的油脂、污垢，并且氧化皮、铁锈和涂料层等附着物已基本清除，其残留物应是牢固附着的。

SA2.5 级：非常彻底的喷射或抛射除锈。

钢材表面应无可见的油脂、污垢、氧化皮、铁锈和涂料层等附着物，任何残留的痕迹应仅是点状或条纹状的轻微色斑。

SA3 级：使钢材表观洁净的喷射或抛射除锈。

钢材表面应无可见的油脂、污垢、氧化皮、铁锈和涂料层等附着物，该表面应显示均匀的金属色泽。

四、关于下列各项费用的规定：

1. 手工和动力工具除锈按 ST2 标准确定。若变更级别标准，如按 ST3 标准乘以系数 1.10。

2. 喷射除锈按 SA2.5 级标准确定。若变更级别标准，SA3 级乘以系数 1.10，SA2 级乘以系数 0.90。

3. 本章不包括除微锈（标准：氧化皮完全紧附，仅有少量锈点），发生时其工程量执行轻锈乘以系数 0.20。

工程量计算规则

一、除锈工程中设备、管道应根据设计图示尺寸，按表面积，分别以“$10m^2$”为计量单位；一般钢结构和管廊钢结构应根据设计图示尺寸，按金属结构的重量，分别以“100kg”为计量单位；H 型钢制钢结构（任何一边大于 300mm 以上的钢结构），以表面积“$10m^2$”为计量单位。

二、由钢管制作的金属结构，其除锈工程量应根据设计图示尺寸，按管道表面积，以“$10m^2$”为计量单位，执行管道除锈相应项目，其安装工程人工乘以系数 1.20。

一、手工除锈

工作内容： 除锈、除尘。 **计量单位：** 10m²

编号				12-1-1	12-1-2	12-1-3	12-1-4
项目				管道		设备ϕ1000 以上	
				轻锈	中锈	轻锈	中锈
名称			单位	消耗量			
人工	000203000	综合二类工	工日	0.242	0.578	0.257	0.400
材料	340907006	钢丝刷子	把	0.200	0.400	0.200	0.400
	031102005	铁砂布 0#～2#	张	1.500	3.000	1.500	3.000
	092705004	碎布	kg	0.200	0.400	0.200	0.400

工作内容： 除锈、除尘。 **计量单位：** 见表

编号				12-1-5	12-1-6	12-1-7	12-1-8	12-1-9	12-1-10
项目				一般钢结构		管廊钢结构		大型型钢钢结构	
				轻锈	中锈	轻锈	中锈	轻锈	中锈
单位				100kg				10m²	
名称			单位	消耗量					
人工	000203000	综合二类工	工日	0.242	0.386	0.150	0.236	0.234	0.363
材料	340907006	钢丝刷子	把	0.150	0.290	0.090	0.167	0.171	0.343
	031102005	铁砂布 0#～2#	张	1.090	2.180	0.682	1.356	1.286	2.572
	092705004	碎布	kg	0.150	0.290	0.090	0.181	0.171	0.343
机械	990304016	汽车式起重机 16t	台班	0.010	0.010	0.008	0.008	—	—
	990304024	汽车式起重机 25t	台班	—	—	—	—	0.014	0.014

二、动力工具除锈

工作内容：除锈、除尘。 计量单位：10m²

编号				12-1-11	12-1-12	12-1-13	12-1-14
项目				管道		设备ϕ1000 以上	
				轻锈	中锈	轻锈	中锈
名称			单位	消耗量			
人工	000203000	综合二类工	工日	0.208	0.467	0.196	0.323
材料	340907006	钢丝刷子	把	0.050	0.050	0.050	0.250
	031107005	圆型钢丝轮 ϕ100	片	0.200	1.000	0.100	0.500
	092705004	碎布	kg	0.200	1.000	0.200	1.000
	341103001	电	kW · h	1.200	6.000	0.800	4.000

工作内容：除锈、除尘。 计量单位：见表

编号				12-1-15	12-1-16	12-1-17	12-1-18	12-1-19	12-1-20
项目				一般钢结构		管廊钢结构		大型型钢钢结构	
				轻锈	中锈	轻锈	中锈	轻锈	中锈
单位				100kg				10m²	
名称			单位	消耗量					
人工	000203000	综合二类工	工日	0.196	0.310	0.121	0.190	0.189	0.293
材料	340907006	钢丝刷子	把	0.060	0.280	0.030	0.150	0.045	0.225
	031107005	圆型钢丝轮 ϕ100	片	0.197	1.009	0.132	0.672	0.190	0.950
	092705004	碎布	kg	0.150	0.290	0.090	0.181	0.171	0.343
	341103001	电	kW · h	1.614	8.281	1.084	5.514	1.560	7.800
机械	990304024	汽车式起重机 25t	台班	—	—	—	—	0.007	0.007
	990304016	汽车式起重机 16t	台班	0.005	0.005	0.004	0.004	—	—

三、喷射除锈

工作内容：运砂、喷砂、砂子回收、现场清理及工机具维护。 **计量单位：**10m²

编号				12-1-21	12-1-22	12-1-23	12-1-24
项目				喷石英砂			
				设备ϕ1000 以下		设备ϕ1000 以上	
				内壁	外壁	内壁	外壁
名称			单位	消耗量			
人工	000203000	综合二类工	工日	1.400	0.894	1.184	0.842
材料	040319002	石英砂（综合）	m³	（0.174）	（0.222）	（0.138）	（0.182）
	340913001	喷砂嘴	个	0.080	0.076	0.080	0.076
	172715001	喷砂用胶管 中压 *D*40	m	0.200	0.190	0.200	0.190
机械	990775010	喷砂除锈机 3m³/min	台班	0.368	0.236	0.296	0.198
	991003050	电动空气压缩机 6m³/min	台班	0.368	0.236	0.296	0.198
	991201020	轴流通风机 30kW	台班	0.336	—	0.296	—

工作内容：运砂、喷砂、砂子回收、现场清理及工机具维护。 **计量单位：**见表

编号				12-1-25	12-1-26	12-1-27	12-1-28	12-1-29
项目				喷石英砂				
				管道		一般钢结构	管廊钢结构	大型型钢钢结构
				内壁	外壁			
单位				10m²		100kg		10m²
名称			单位	消耗量				
人工	000203000	综合二类工	工日	1.488	0.926	0.554	0.334	0.857
材料	040319002	石英砂（综合）	m³	（0.252）	（0.263）	（0.175）	（0.081）	（0.194）
	340913001	喷砂嘴	个	0.080	0.076	0.076	0.048	0.066
	172715001	喷砂用胶管 中压 *D*40	m	0.200	0.190	0.122	0.072	0.165
机械	990304024	汽车式起重机 25t	台班	—	—	—	—	0.011
	990775010	喷砂除锈机 3m³/min	台班	0.336	0.228	0.236	0.156	0.171
	991003050	电动空气压缩机 6m³/min	台班	0.336	0.228	0.236	0.156	0.171
	990304016	汽车式起重机 16t	台班	—	—	0.008	0.007	—

工作内容：运砂、喷砂、砂子回收、现场清理及工机具维护。　　　　**计量单位：**见表

编号				12-1-30	12-1-31	12-1-32	12-1-33
项目				气柜			
				喷石英砂			
				水槽壁板	水槽底板	中罩板	金属结构
单位				$10m^2$			100kg
名称			单位	消耗量			
人工	000203000	综合二类工	工日	0.946	1.818	0.946	0.554
材料	040319002	石英砂（综合）	m^3	（0.175）	（0.175）	（0.175）	（0.152）
	050105001	道木（综合）	m^3	0.236	—	—	—
	012101004	角钢 63 以外	kg	2.736	—	—	—
	142909001	氧气	m^3	0.122	—	—	—
	130111007	带锈底漆	kg	0.038	—	—	—
	031301008	低碳钢焊条 J422（综合）	kg	0.099	—	—	—
	340913001	喷砂嘴	个	0.076	0.076	0.076	0.076
	172715001	喷砂用胶管 中压 *D*40	m	0.198	0.190	0.190	0.122
机械	990901020	交流弧焊机 32kV · A	台班	0.023	—	—	—
	990775010	喷砂除锈机 $3m^3/min$	台班	0.281	0.403	0.281	0.236
	991003050	电动空气压缩机 $6m^3/min$	台班	0.281	0.403	0.281	0.236
	990304016	汽车式起重机 16t	台班	0.076	—	0.091	0.008
	991201020	轴流通风机 30kW	台班	—	0.334	0.114	—

工作内容：运砂、喷砂、砂子回收、现场清理及工机具维护。　　　　**计量单位：**$10m^2$

编号				12-1-34	12-1-35	12-1-36	12-1-37
项目				喷石英砂			
				带钩钉金属面	带龟甲网设备内表面	单片龟甲网	端板及零星板
名称			单位	消耗量			
人工	000203000	综合二类工	工日	2.024	2.859	2.422	3.536
材料	040319002	石英砂（综合）	m^3	（0.304）	（0.327）	（0.312）	（0.912）
	340913001	喷砂嘴	个	0.076	0.076	0.076	0.076
	172715001	喷砂用胶管 中压 *D*40	m	0.190	0.190	0.190	0.190
机械	990775010	喷砂除锈机 $3m^3/min$	台班	0.380	0.532	0.380	1.064
	991003050	电动空气压缩机 $6m^3/min$	台班	0.380	0.532	0.380	1.064
	991271010	空气过滤器	台班	0.380	0.532	0.380	1.064
	991201020	轴流通风机 30kW	台班	0.380	0.532	0.380	1.064

工作内容：运砂、喷砂、砂子回收、现场清理及工机具维护。　　　　**计量单位：**见表

编号				12-1-38	12-1-39	12-1-40	12-1-41	12-1-42	12-1-43
项目				抛丸除锈					
				大型钢板		管道	大型型钢钢结构	一般钢结构	管廊钢结构
				单面除锈	双面除锈				
单位				$10m^2$				100kg	
名称			单位	消耗量					
人工	000203000	综合二类工	工日	0.460	0.307	0.378	0.395	0.344	0.148
材料	031107002	钢制磨料	kg	（2.206）	（2.206）	（2.227）	（1.980）	（1.435）	（0.865）
机械	990304016	汽车式起重机 16t	台班	0.014	0.007	0.016	0.016	—	0.007
	990309020	门式起重机 10t	台班	0.041	0.021	0.045	0.049	0.014	0.019
	990776030	抛丸除锈机 1000mm	台班	0.046	0.024	—	—	—	—
	990776020	抛丸除锈机 500mm	台班	—	—	0.050	0.042	0.045	0.021

四、化学除锈

工作内容：配液、酸洗、中和、吹干、检查。　　　　**计量单位：**$10m^2$

编号				12-1-44	12-1-45
项目				金属面	
				一般	特殊
名称			单位	消耗量	
人工	000203000	综合二类工	工日	0.232	0.295
材料	143159001	氢氧化钠（烧碱）	kg	0.360	0.360
	341101001	水	m^3	0.210	0.360
	172705001	耐油胶管（综合）	m	0.740	0.740
	143105001	硫酸 38%	kg	0.780	0.780
	021911001	尼龙网（综合）	m	—	0.170
	143185001	亚硝酸钠	kg	—	0.120
机械	991003050	电动空气压缩机 $6m^3/min$	台班	0.010	0.010

第二章

防腐蚀涂料工程

说　明

一、本章内容包括设备、管道、金属结构等各种防腐蚀涂料工程。

二、本章不包括除锈工作内容。

三、涂料配合比与实际设计配合比不同时，可根据设计要求进行换算，其人工、机械消耗量不变。

四、聚合热固化是采用蒸汽及红外线间接聚合固化考虑的，如采用其他方法，应按施工方案另行计算。

五、本章未包括的新品种涂料，应按相近项目执行，但材料可按实计算，其人工、机械消耗量不变。

六、无机富锌涂料项目执行氯磺化聚乙烯涂料项目，涂料可按实换算。

七、如涂刷时需要强行通风，应增加轴流通风机 7.5kW，其台班消耗量同综合工日消耗量。

八、刷油和防腐蚀工程按安装场地内涂刷油漆考虑，如安装前集中刷油，其人工费乘以系数 0.70（暖气片除外）。如安装前集中喷涂，执行涂料项目，其人工乘以系数 0.70，材料乘以系数 1.16，增加喷涂机械电动空气压缩机 $3m^3/min$（其台班消耗量同调整后的合计工日消耗量）。

九、标志色环等零星刷油，执行本章相应项目，其人工乘以系数 2.00。

十、同一种油漆刷三遍时，第三遍执行第二遍的相应项目。

工程量计算规则

一、刷油工程中设备、管道、铸铁暖气片应根据设计图示尺寸，按表面积，分别以“$10m^2$”为计量单位；一般钢结构和管廊钢结构应根据设计图示尺寸，按钢结构重量，以“100kg”为计量单位；H 型钢制钢结构（任何一边大于 300mm 以上的钢结构）应根据设计图示尺寸，按表面积，以“$10m^2$”为计量单位。

二、钢管制作的金属结构，其防腐蚀工程量应根据设计图示尺寸，按管道表面积，以“$10m^2$”为计量单位。执行管道防腐蚀相应项目，其安装人工乘以系数 1.20。

一、醇酸防锈涂料

工作内容：调配、涂刷。　　　　计量单位：见表

编号				12-2-1	12-2-2	12-2-3	12-2-4
项目				管道	设备及矩形管道	一般钢结构	管廊钢结构
				每一遍			
单位				10m²		100kg	
名称			单位	消耗量			
人工	000303000	综合三类工	工日	0.168	0.118	0.153	0.091
材料	092705004	碎布	kg	0.200	0.200	0.060	0.430
	031102005	铁砂布 0#～2#	张	0.110	3.000	1.740	1.122
	130505003	醇酸防锈漆	kg	1.385	1.425	1.055	0.680
机械	990304024	汽车式起重机 25t	台班	—	—	0.005	0.005

工作内容：调配、涂刷。　　　　计量单位：$10m^2$

编号				12-2-5	12-2-6	12-2-7	12-2-8
项目				大型型钢钢结构	气柜水槽壁内外板、顶盖板外、罐底	气柜中罩塔内外壁	气柜顶盖内壁
				每一遍			
名称			单位	消耗量			
人工	000303000	综合三类工	工日	0.111	0.113	0.157	0.172
材料	092705004	碎布	kg	0.096	—	—	—
	031102005	铁砂布 0#～2#	张	2.880	—	—	—
	130505003	醇酸防锈漆	kg	1.316	1.503	1.503	1.503
机械	990304024	汽车式起重机 25t	台班	0.008	—	—	—

二、酚醛防锈涂料

工作内容： 调配、涂刷。 **计量单位：** 见表

编号				12-2-9	12-2-10	12-2-11	12-2-12	12-2-13	12-2-14
项目				管道	设备及矩形管道	一般钢结构	管廊钢结构	大型型钢钢结构	铸铁管、暖气片
				每一遍					
单位				10m²		100kg		10m²	
名称			单位	消耗量					
人工	000303000	综合三类工	工日	0.168	0.118	0.153	0.091	0.111	0.229
材料	130505007	酚醛防锈漆	kg	1.215	1.253	0.850	0.549	1.156	1.050
	092705004	碎布	kg	0.200	0.200	0.060	0.430	0.096	0.098
	031102005	铁砂布 0#～2#	张	0.110	3.000	1.740	1.122	2.880	2.680
机械	990304024	汽车式起重机 25t	台班	—	—	0.005	0.005	0.008	—

三、带锈底涂料

工作内容： 调配、涂刷。 **计量单位：** 见表

编号				12-2-15	12-2-16	12-2-17	12-2-18	12-2-19	12-2-20
项目				管道	设备及矩形管道	一般钢结构	管廊钢结构	大型型钢钢结构	铸铁管、暖气片
				每一遍					
单位				10m²		100kg		10m²	
名称			单位	消耗量					
人工	000303000	综合三类工	工日	0.168	0.118	0.153	0.091	0.111	0.229
材料	092705004	碎布	kg	0.200	0.200	0.060	0.430	0.096	0.098
	031102005	铁砂布 0#～2#	张	0.110	3.000	1.740	1.122	2.880	2.680
	130111007	带锈底漆	kg	0.740	0.759	0.540	0.349	0.704	0.920
机械	990304024	汽车式起重机 25t	台班	—	—	0.005	0.005	0.008	—

四、酚醛调和涂料

工作内容：调配、涂刷。　　**计量单位：**见表

编　　号				12-2-21	12-2-22	12-2-23	12-2-24	12-2-25
项　　目				管道	设备及矩形管道	一般钢结构	管廊钢结构	大型型钢钢结构
				每一遍				
单　　位				10m²		100kg		10m²
名　　称			单位	消　耗　量				
人工	000303000	综合三类工	工日	0.168	0.118	0.153	0.091	0.111
材料	092705004	碎布	kg	0.200	0.200	0.060	0.430	0.096
	031102005	铁砂布 0#～2#	张	0.110	3.000	1.740	1.122	2.880
	130115006	酚醛调和漆	kg	0.990	1.020	0.750	0.485	0.999
机械	990304024	汽车式起重机 25t	台班	—	—	0.005	0.005	0.008

工作内容：调配、涂刷。　　**计量单位：**10m²

编　　号				12-2-26	12-2-27	12-2-28	12-2-29
项　　目				设备	管道	设备	管道
				灰面		玻璃布面、白布面	
				每一遍			
名　　称			单位	消　耗　量			
人工	000303000	综合三类工	工日	0.295	0.335	0.354	0.490
材料	130115006	酚醛调和漆	kg	1.232	1.195	1.716	1.675

工作内容：调配、涂刷。　　**计量单位：**10m²

编　　号				12-2-30	12-2-31	12-2-32	12-2-33
项　　目				设备	管道	气柜	管道
				麻布面、石棉布面		涂料	玛蹄脂面
				每一遍			
名　　称			单位	消　耗　量			
人工	000303000	综合三类工	工日	0.378	0.534	0.113	0.587
材料	130115006	酚醛调和漆	kg	1.602	1.565	1.020	1.565

五、酚醛磁涂料

工作内容：调配、涂刷。　　　　计量单位：见表

编号				12-2-34	12-2-35	12-2-36	12-2-37	12-2-38
项目				管道	设备及矩形管道	一般钢结构	管廊钢结构	大型型钢钢结构
				每一遍				
单位				10m²		100kg		10m²
名称			单位	消耗量				
人工	000303000	综合三类工	工日	0.168	0.118	0.153	0.091	0.111
材料	092705004	碎布	kg	0.200	0.200	0.060	0.430	0.096
	031102005	铁砂布 0#～2#	张	0.110	3.000	1.740	1.122	2.880
	130113005	酚醛磁漆	kg	0.955	0.708	0.525	0.341	0.909
机械	990304024	汽车式起重机 25t	台班	—	—	0.005	0.005	0.008

六、酚醛耐酸涂料

工作内容：调配、涂刷。　　　　计量单位：见表

编号				12-2-39	12-2-40	12-2-41	12-2-42	12-2-43
项目				管道	设备及矩形管道	一般钢结构	管廊钢结构	大型型钢钢结构
				每一遍				
单位				10m²		100kg		10m²
名称			单位	消耗量				
人工	000303000	综合三类工	工日	0.168	0.118	0.153	0.091	0.111
材料	092705004	碎布	kg	0.200	0.200	0.060	0.430	0.096
	031102005	铁砂布 0#～2#	张	0.110	3.000	1.740	1.122	2.880
	130523002	酚醛耐酸漆	kg	（0.690）	（0.708）	（0.525）	（0.341）	（0.714）
机械	990304024	汽车式起重机 25t	台班	—	—	0.005	0.005	0.008

七、煤焦油沥青涂料

工作内容：调配、涂刷。 **计量单位：**见表

编号				12-2-44	12-2-45	12-2-46	12-2-47	12-2-48	12-2-49
项目				管道	设备及矩形管道	一般钢结构	管廊钢结构	大型型钢钢结构	铸铁管、暖气片
				每一遍					
单位				10m²		100kg		10m²	
名称			单位	消耗量					
人工	000303000	综合三类工	工日	0.168	0.118	0.153	0.091	0.111	0.229
材料	092705004	碎布	kg	0.200	0.200	0.060	0.430	0.096	0.098
	031102005	铁砂布 0#～2#	张	0.110	3.000	1.740	1.122	2.880	2.680
	130121004	煤焦油沥青漆 L01-17	kg	2.675	2.579	1.865	1.199	2.529	2.810
机械	990304024	汽车式起重机 25t	台班	—	—	0.005	0.005	0.008	—

工作内容：调配、涂刷。 **计量单位：**10m²

编号				12-2-50	12-2-51	12-2-52	12-2-53	12-2-54	12-2-55
项目				设备	管道	设备	管道	设备	管道
				灰面		玻璃布面、白布面		麻布面、石棉布面	
				每一遍					
名称			单位	消耗量					
人工	000303000	综合三类工	工日	0.295	0.335	0.354	0.490	0.378	0.534
材料	130121004	煤焦油沥青漆 L01-17	kg	3.126	3.235	4.374	4.525	4.082	4.225

工作内容：调配、涂刷。 **计量单位：**10m²

编号				12-2-56	12-2-57
项目				气柜中罩塔内外壁	气柜顶盖内壁
				涂料	
				每一遍	
名称			单位	消耗量	
人工	000303000	综合三类工	工日	0.157	0.172
材料	130121004	煤焦油沥青漆 L01-17	kg	2.579	2.793

八、醇酸磁涂料

工作内容：调配、涂刷。　　　　　　　　　　　　　　　　　　　　　　　计量单位：见表

编号				12-2-58	12-2-59	12-2-60	12-2-61	12-2-62
项目				管道	设备及矩形管道	一般钢结构	管廊钢结构	大型型钢钢结构
				每一遍				
单位				10m²		100kg		10m²
名称			单位	消耗量				
人工	000303000	综合三类工	工日	0.168	0.118	0.153	0.091	0.111
材料	092705004	碎布	kg	0.200	0.200	0.060	0.430	0.096
	031102005	铁砂布 0#～2#	张	0.110	3.000	1.740	1.122	2.880
	130113002	醇酸磁漆	kg	1.160	1.196	0.870	0.561	1.174
机械	990304024	汽车式起重机 25t	台班	—	—	0.005	0.005	0.008

九、醇酸清涂料

工作内容：调配、涂刷。　　　　　　　　　　　　　　　　　　　　　　　计量单位：见表

编号				12-2-63	12-2-64	12-2-65	12-2-66	12-2-67
项目				管道	设备及矩形管道	一般钢结构	管廊钢结构	大型型钢钢结构
				每一遍				
单位				10m²		100kg		10m²
名称			单位	消耗量				
人工	000303000	综合三类工	工日	0.168	0.118	0.153	0.091	0.111
材料	092705004	碎布	kg	0.200	0.200	0.060	0.430	0.096
	031102005	铁砂布 0#～2#	张	0.110	3.000	1.740	1.122	2.880
	130105003	醇酸清漆	kg	0.990	1.020	0.745	0.481	0.999
机械	990304024	汽车式起重机 25t	台班	—	—	0.005	0.005	0.008

十、银 粉 涂 料

工作内容：调配、涂刷。　　　　**计量单位：**见表

编号				12-2-68	12-2-69	12-2-70	12-2-71	12-2-72
项目				管道	设备及矩形管道	一般钢结构	管廊钢结构	大型型钢钢结构
				每一遍				
单位				10m²		100kg		10m²
名称			单位	消耗量				
人工	000303000	综合三类工	工日	0.168	0.118	0.153	0.091	0.111
材料	092705004	碎布	kg	0.200	0.200	0.060	0.430	0.096
	031102005	铁砂布 0#～2#	张	0.110	3.000	1.740	1.122	2.880
	130903004	银粉漆	kg	0.650	0.648	0.310	0.205	0.304
机械	990304024	汽车式起重机 25t	台班	—	—	0.005	0.005	0.008

工作内容：调配、涂刷。　　　　**计量单位：**10m²

编号				12-2-73	12-2-74	12-2-75	12-2-76
项目				铸铁管、暖气片	管道	设备	管道
					玛碲脂面	灰面	
				每一遍			
名称			单位	消耗量			
人工	000303000	综合三类工	工日	0.229	0.587	0.295	0.335
材料	092705004	碎布	kg	0.098	—	—	—
	031102005	铁砂布 0#～2#	张	2.680	—	—	—
	130903004	银粉漆	kg	0.510	0.715	0.525	0.560

工作内容：调配、涂刷。　　　　**计量单位：**10m²

编号				12-2-77	12-2-78	12-2-79	12-2-80
项目				设备	管道	设备	管道
				玻璃布面、白布面		麻布面、石棉布面	
				每一遍			
名称			单位	消耗量			
人工	000303000	综合三类工	工日	0.354	0.490	0.378	0.534
材料	130903004	银粉漆	kg	0.734	0.775	0.676	0.700

十一、煤 焦 油

工作内容： 调配、涂刷。 **计量单位：** 10m²

编号				12-2-81	12-2-82	12-2-83	12-2-84	12-2-85	12-2-86
项目				设备	管道	设备	管道	设备	管道
				灰面		玻璃布面、白布面		麻布面、石棉布面	
				每一遍					
名称			单位	消耗量					
人工	000303000	综合三类工	工日	0.295	0.335	0.354	0.490	0.378	0.534
材料	140311002	煤焦油	kg	3.053	2.970	4.550	4.455	4.280	4.240

十二、有机硅耐热涂料

工作内容： 调配、涂刷。 **计量单位：** 见表

编号				12-2-87	12-2-88	12-2-89	12-2-90	12-2-91
项目				设备	管道	一般钢结构	管廊钢结构	大型型钢钢结构
				有机硅耐热涂料				
				每一遍				
单位				10m²		100kg		10m²
名称			单位	消耗量				
人工	000303000	综合三类工	工日	0.180	0.256	0.285	0.178	0.176
材料	130517001	有机硅耐热涂料	kg	(0.934)	(0.900)	(0.720)	(0.431)	(1.071)
	143511031	有机硅涂料稀释剂	kg	0.130	0.130	0.110	0.063	0.136
机械	990304024	汽车式起重机 25t	台班	—	—	0.005	0.005	0.008

十三、漆酚树脂涂料

工作内容：调配、涂刷。 计量单位：10m²

编号				12-2-92	12-2-93	12-2-94	12-2-95
项目				设备			
				底涂层		中间涂层	面涂层
				两遍	增一遍	每一遍	
名称			单位	消耗量			
人工	000303000	综合三类工	工日	0.536	0.277	0.244	0.215
材料	130507051	漆酚树脂涂料	kg	(3.131)	(1.694)	(1.258)	(0.926)
	143545001	清洁剂	kg	0.801	0.174	0.126	0.114
	092705004	碎布	kg	0.200	—	—	—
	031102005	铁砂布 0#～2#	张	6.000	3.000	1.500	—

工作内容：调配、涂刷。 计量单位：10m²

编号				12-2-96	12-2-97	12-2-98	12-2-99
项目				管道			
				底涂层		中间涂层	面涂层
				两遍	增一遍	每一遍	
名称			单位	消耗量			
人工	000303000	综合三类工	工日	1.140	0.562	0.453	0.410
材料	130507051	漆酚树脂涂料	kg	(4.400)	(2.160)	(1.700)	(1.270)
	143545001	清洁剂	kg	0.990	0.210	0.144	0.138
	092705004	碎布	kg	0.200	—	—	—
	031102005	铁砂布 0#～2#	张	0.220	0.110	0.110	—

工作内容：调配、涂刷。 **计量单位：**100kg

编号				12-2-100	12-2-101	12-2-102	12-2-103
项目				一般钢结构			
				底涂层		中间涂层	面涂层
				两遍	增一遍	每一遍	
名称			单位	消耗量			
人工	000303000	综合三类工	工日	0.497	0.260	0.195	0.171
材料	130507051	漆酚树脂涂料	kg	（1.940）	（0.960）	（0.710）	（0.520）
	143545001	清洁剂	kg	0.462	0.102	0.072	0.066
	092705004	碎布	kg	0.120	—	—	—
	031102005	铁砂布 0#～2#	张	3.480	1.450	0.720	—
机械	990304024	汽车式起重机 25t	台班	0.005	0.005	0.005	—

工作内容：调配、涂刷。 **计量单位：**100kg

编号				12-2-104	12-2-105	12-2-106	12-2-107
项目				管廊钢结构			
				底涂层		中间涂层	面涂层
				两遍	增一遍	每一遍	
名称			单位	消耗量			
人工	000303000	综合三类工	工日	0.341	0.178	0.132	0.119
材料	130507051	漆酚树脂涂料	kg	（1.143）	（0.579）	（0.415）	（0.305）
	143545001	清洁剂	kg	0.299	0.066	0.046	0.044
	092705004	碎布	kg	0.068	—	—	—
	031102005	铁砂布 0#～2#	张	1.870	0.935	0.468	—
机械	990304024	汽车式起重机 25t	台班	0.005	0.005	0.005	—

工作内容：调配、涂刷。 **计量单位：**10m²

编号				12-2-108	12-2-109	12-2-110	12-2-111
项目				大型型钢钢结构			
				底涂层		中间涂层	面涂层
				两遍	增一遍	每一遍	
名称			单位	消耗量			
人工	000303000	综合三类工	工日	0.603	0.319	0.236	0.209
材料	130507051	漆酚树脂涂料	kg	(3.224)	(1.584)	(1.176)	(0.856)
	143545001	清洁剂	kg	0.768	0.168	0.120	0.110
	092705004	碎布	kg	0.192	—	—	—
	031102005	铁砂布 $0^{\#}$～$2^{\#}$	张	5.760	2.880	1.440	—
机械	990304024	汽车式起重机 25t	台班	0.008	0.008	0.008	—

十四、聚氨酯涂料

工作内容：运料、表面清洗、调配、涂刷。 **计量单位：**10m²

编号				12-2-112	12-2-113	12-2-114	12-2-115
项目				设备			
				底涂层		中间涂层	面涂层
				两遍	增一遍	每一遍	
名称			单位	消耗量			
人工	000303000	综合三类工	工日	0.533	0.335	0.249	0.249
材料	130111027	聚氨酯底层涂料	kg	(2.080)	(1.040)	—	—
	130103012	聚氨酯面层涂料	kg	—	—	(1.227)	(0.905)
	143511026	聚氨酯涂料稀释剂	kg	0.700	0.350	0.360	0.370
	143545001	清洁剂	kg	0.450	—	—	—
	092705004	碎布	kg	0.200	—	—	—
	031102005	铁砂布 $0^{\#}$～$2^{\#}$	张	6.000	3.000	1.500	—

工作内容：运料、表面清洗、调配、涂刷。 **计量单位：**10m²

编号				12-2-116	12-2-117	12-2-118	12-2-119
项目				管道			
				底涂层		中间涂层	面涂层
				两遍	增一遍	每一遍	
名称			单位	消耗量			
人工	000303000	综合三类工	工日	0.907	0.637	0.467	0.467
材料	130111027	聚氨酯底层涂料	kg	（2.550）	（1.280）	—	—
	130103012	聚氨酯面层涂料	kg	—	—	（1.530）	（0.970）
	143511026	聚氨酯涂料稀释剂	kg	0.890	0.450	0.500	0.480
	143545001	清洁剂	kg	0.495	—	—	—
	092705004	碎布	kg	0.200	—	—	—
	031102005	铁砂布 0#～2#	张	0.220	0.110	0.110	—

工作内容：运料、表面清洗、调配、涂刷。 **计量单位：**100kg

编号				12-2-120	12-2-121	12-2-122	12-2-123
项目				一般钢结构			
				底涂层		中间涂层	面涂层
				两遍	增一遍	每一遍	
名称			单位	消耗量			
人工	000303000	综合三类工	工日	0.432	0.277	0.204	0.204
材料	130111027	聚氨酯底层涂料	kg	（1.160）	（0.580）	—	—
	130103012	聚氨酯面层涂料	kg	—	—	（0.550）	（0.520）
	143511026	聚氨酯涂料稀释剂	kg	0.410	0.200	0.220	0.230
	143545001	清洁剂	kg	0.261	—	—	—
	092705004	碎布	kg	0.120	—	—	—
	031102005	铁砂布 0#～2#	张	3.480	0.870	0.870	—
机械	990304024	汽车式起重机 25t	台班	0.005	0.005	0.005	—

工作内容：运料、表面清洗、调配、涂刷。 **计量单位：**100kg

编号				12-2-124	12-2-125	12-2-126	12-2-127
项目				管廊钢结构			
				底涂层		中间涂层	面涂层
				两遍	增一遍	每一遍	
名称			单位	消耗量			
人工	000303000	综合三类工	工日	0.268	0.184	0.135	0.128
材料	130111027	聚氨酯底层涂料	kg	（0.791）	（0.374）	—	—
	130103012	聚氨酯面层涂料	kg	—	—	（0.442）	（0.332）
	143511026	聚氨酯涂料稀释剂	kg	0.281	0.128	0.128	0.145
	143545001	清洁剂	kg	0.168	—	—	—
	092705004	碎布	kg	0.085	—	—	—
	031102005	铁砂布 0#～2#	张	2.244	1.122	1.122	—
机械	990304024	汽车式起重机 25t	台班	0.005	0.005	0.005	—

工作内容：运料、表面清洗、调配、涂刷。 **计量单位：**$10m^2$

编号				12-2-128	12-2-129	12-2-130	12-2-131
项目				大型型钢钢结构			
				底涂层		中间涂层	面涂层
				两遍	增一遍	每一遍	
名称			单位	消耗量			
人工	000303000	综合三类工	工日	0.475	0.303	0.226	0.226
材料	130111027	聚氨酯底层涂料	kg	（1.920）	（0.960）	—	—
	130103012	聚氨酯面层涂料	kg	—	—	（0.832）	（1.136）
	143511026	聚氨酯涂料稀释剂	kg	0.672	0.336	0.344	0.360
	143545001	清洁剂	kg	0.432	—	—	—
	092705004	碎布	kg	0.192	—	—	—
	031102005	铁砂布 0#～2#	张	5.760	2.880	2.880	—
机械	990304024	汽车式起重机 25t	台班	0.008	0.008	0.008	—

十五、环氧-酚醛树脂涂料

工作内容：运料、表面清洗、调配、涂刷。 计量单位：$10m^2$

编号				12-2-132	12-2-133	12-2-134
项目				设备		
				底涂层		面涂层
				两遍	增一遍	每一遍
名称			单位	消耗量		
人工	000303000	综合三类工	工日	0.501	0.267	0.180
材料	130507018	环氧酚醛树脂涂料	kg	（3.169）	（1.486）	（1.451）
	143513004	T31 固化剂	kg	（0.170）	（0.080）	（0.090）
	143511004	专用稀释剂	kg	1.000	0.480	0.380
	143545001	清洁剂	kg	0.450	—	—
	092705004	碎布	kg	0.200	—	—
	031102005	铁砂布 $0^{\#}$～$2^{\#}$	张	6.000	3.000	—

工作内容：运料、表面清洗、调配、涂刷。 计量单位：$10m^2$

编号				12-2-135	12-2-136	12-2-137
项目				管道		
				底涂层		面涂层
				两遍	增一遍	每一遍
名称			单位	消耗量		
人工	000303000	综合三类工	工日	0.920	0.461	0.331
材料	130507018	环氧酚醛树脂涂料	kg	（4.130）	（1.870）	（1.810）
	143513004	T31 固化剂	kg	（0.220）	（0.110）	（0.120）
	143511004	专用稀释剂	kg	1.140	0.560	0.410
	143545001	清洁剂	kg	0.495	—	—
	092705004	碎布	kg	0.200	—	—
	031102005	铁砂布 $0^{\#}$～$2^{\#}$	张	3.000	1.500	—

工作内容：运料、表面清洗、调配、涂刷。　　**计量单位：**100kg

编号				12-2-138	12-2-139	12-2-140
项目				一般钢结构		
				底涂层		面涂层
				两遍	增一遍	每一遍
名称			单位	消耗量		
人工	000303000	综合三类工	工日	0.405	0.214	0.145
材料	130507018	环氧酚醛树脂涂料	kg	(1.870)	(0.880)	(0.860)
	143513004	T31 固化剂	kg	(0.100)	(0.050)	(0.050)
	143511004	专用稀释剂	kg	0.600	0.290	0.220
	031102005	铁砂布 0#～2#	张	3.480	1.450	—
	143545001	清洁剂	kg	0.261	—	—
	092705004	碎布	kg	0.120	—	—
机械	990304024	汽车式起重机 25t	台班	0.005	0.005	—

工作内容：运料、表面清洗、调配、涂刷。　　**计量单位：**100kg

编号				12-2-141	12-2-142	12-2-143
项目				管廊钢结构		
				底涂层		面涂层
				两遍	增一遍	每一遍
名称			单位	消耗量		
人工	000303000	综合三类工	工日	0.255	0.140	0.089
材料	130507018	环氧酚醛树脂涂料	kg	(1.080)	(0.525)	(0.516)
	143513004	T31 固化剂	kg	(0.055)	(0.031)	(0.031)
	143511004	专用稀释剂	kg	0.360	0.172	0.133
	031102005	铁砂布 0#～2#	张	1.870	0.935	—
	143545001	清洁剂	kg	0.168	—	—
	092705004	碎布	kg	0.077	—	—
机械	990304024	汽车式起重机 25t	台班	0.005	0.005	—

工作内容：运料、表面清洗、调配、涂刷。 计量单位：10m²

编号				12-2-144	12-2-145	12-2-146
项目				大型型钢钢结构		
				底涂层		面涂层
				两遍	增一遍	每一遍
名称			单位	消耗量		
人工	000303000	综合三类工	工日	0.447	0.240	0.162
材料	130507018	环氧酚醛树脂涂料	kg	（2.952）	（1.376）	（1.352）
	143513004	T31 固化剂	kg	（0.160）	（0.080）	（0.088）
	143511004	专用稀释剂	kg	0.960	0.464	0.368
	143545001	清洁剂	kg	0.432	—	—
	092705004	碎布	kg	0.192	—	—
	031102005	铁砂布 0#～2#	张	5.760	2.880	—
机械	990304024	汽车式起重机 25t	台班	0.008	0.008	—

十六、冷固环氧树脂涂料

工作内容：调配、涂刷。 计量单位：10m²

编号				12-2-147	12-2-148	12-2-149
项目				设备		
				底涂层		面涂层
				两遍	增一遍	每一遍
名称			单位	消耗量		
人工	000303000	综合三类工	工日	0.507	0.267	0.180
材料	130507021	冷固环氧树脂涂料	kg	（3.449）	（1.616）	（1.451）
	143513004	T31 固化剂	kg	（0.200）	（0.090）	（0.100）
	143511004	专用稀释剂	kg	1.000	0.480	0.380
	143545001	清洁剂	kg	0.450	—	—
	092705004	碎布	kg	0.200	—	—
	031102005	铁砂布 0#～2#	张	6.000	3.000	—

工作内容：调配、涂刷。 **计量单位**：$10m^2$

编号				12-2-150	12-2-151	12-2-152
项目				管道		
				底涂层		面涂层
				两遍	增一遍	每一遍
名称			单位	消耗量		
人工	000303000	综合三类工	工日	0.927	0.471	0.336
材料	130507021	冷固环氧树脂涂料	kg	(3.770)	(2.000)	(1.820)
	143513004	T31 固化剂	kg	(0.250)	(0.120)	(0.130)
	143511004	专用稀释剂	kg	1.130	0.550	0.580
	143545001	清洁剂	kg	0.495	—	—
	092705004	碎布	kg	0.200	—	—
	031102005	铁砂布 0#～2#	张	6.000	—	—

工作内容：调配、涂刷。 **计量单位**：100kg

编号				12-2-153	12-2-154	12-2-155
项目				一般钢结构		
				底涂层	面涂层	底涂层
				两遍	每一遍	增一遍
名称			单位	消耗量		
人工	000303000	综合三类工	工日	0.413	0.145	0.222
材料	130507021	冷固环氧树脂涂料	kg	(1.990)	(0.850)	(0.920)
	143513004	T31 固化剂	kg	(0.120)	(0.060)	(0.060)
	143511004	专用稀释剂	kg	0.590	0.300	0.280
	143545001	清洁剂	kg	0.261	—	—
	092705004	碎布	kg	0.120	—	—
	031102005	铁砂布 0#～2#	张	3.480	—	1.740
机械	990304024	汽车式起重机 25t	台班	0.005	—	0.005

工作内容：调配、涂刷。 计量单位：100kg

编号				12-2-156	12-2-157	12-2-158
项目				管廊钢结构		
				底涂层		面涂层
				两遍	增一遍	每一遍
名称			单位	消耗量		
人工	000303000	综合三类工	工日	0.261	0.140	0.096
材料	130507021	冷固环氧树脂涂料	kg	（1.181）	（0.548）	（0.500）
	143513004	T31 固化剂	kg	（0.071）	（0.040）	（0.040）
	031102005	铁砂布 0#～2#	张	2.244	1.122	—
	143545001	清洁剂	kg	0.168	—	—
	092705004	碎布	kg	0.077	—	—
	143511004	专用稀释剂	kg	0.352	0.165	0.180
机械	990304024	汽车式起重机 25t	台班	0.005	0.005	—

工作内容：调配、涂刷。 计量单位：$10m^2$

编号				12-2-159	12-2-160	12-2-161
项目				大型型钢钢结构		
				底涂层		面涂层
				两遍	增一遍	每一遍
名称			单位	消耗量		
人工	000303000	综合三类工	工日	0.455	0.241	0.164
材料	130507021	冷固环氧树脂涂料	kg	（3.216）	（1.504）	（1.344）
	143513004	T31 固化剂	kg	（0.192）	（0.088）	（0.096）
	031102005	铁砂布 0#～2#	张	5.760	2.880	—
	143545001	清洁剂	kg	0.432	—	—
	092705004	碎布	kg	0.192	—	—
	143511004	专用稀释剂	kg	0.960	0.464	0.368
机械	990304024	汽车式起重机 25t	台班	0.008	0.008	—

十七、环氧-呋喃树脂涂料

工作内容：调配、涂刷。 **计量单位：**10m²

编号				12-2-162	12-2-163	12-2-164
项目				设备		
				底涂层		面涂层
				两遍	增一遍	每一遍
名称			单位	消耗量		
人工	000303000	综合三类工	工日	0.512	0.274	0.182
材料	143511022	环氧-呋喃树脂稀释剂	kg	（0.647）	（0.341）	（0.309）
	143513009	环氧-呋喃树脂涂料固化剂	kg	（0.484）	（0.255）	（0.230）
	130507017	环氧呋喃树脂涂料	kg	（3.880）	（2.042）	（1.847）
	143545001	清洁剂	kg	0.450	—	—
	092705004	碎布	kg	0.200	—	—
	031102005	铁砂布 0#～2#	张	6.000	3.000	—

工作内容：调配、涂刷。 **计量单位：**10m²

编号				12-2-165	12-2-166	12-2-167
项目				管道		
				底涂层		面涂层
				两遍	增一遍	每一遍
名称			单位	消耗量		
人工	000303000	综合三类工	工日	0.920	0.466	0.341
材料	143511022	环氧-呋喃树脂稀释剂	kg	（0.621）	（0.327）	（0.297）
	143513009	环氧-呋喃树脂涂料固化剂	kg	（0.465）	（0.245）	（0.211）
	130507017	环氧呋喃树脂涂料	kg	（3.725）	（1.960）	（1.773）
	143545001	清洁剂	kg	0.495	—	—
	092705004	碎布	kg	0.200	—	—
	031102005	铁砂布 0#～2#	张	0.220	0.110	—

工作内容：调配、涂刷。 **计量单位：**100kg

编号				12-2-168	12-2-169	12-2-170
项目				一般钢结构		
				底涂层		面涂层
				两遍	增一遍	每一遍
名称			单位	消耗量		
人工	000303000	综合三类工	工日	0.417	0.224	0.146
材料	130507017	环氧呋喃树脂涂料	kg	(2.143)	(1.128)	(1.020)
	143513009	环氧-呋喃树脂涂料固化剂	kg	(0.267)	(0.141)	(0.127)
	143511022	环氧-呋喃树脂稀释剂	kg	(0.358)	(0.188)	(0.170)
	031102005	铁砂布 0#～2#	张	3.480	1.740	—
	143545001	清洁剂	kg	0.234	—	—
	092705004	碎布	kg	0.120	—	—
机械	990304024	汽车式起重机 25t	台班	0.005	0.005	—

工作内容：调配、涂刷。 **计量单位：**100kg

编号				12-2-171	12-2-172	12-2-173
项目				管廊钢结构		
				底涂层		面涂层
				两遍	增一遍	每一遍
名称			单位	消耗量		
人工	000303000	综合三类工	工日	0.268	0.142	0.097
材料	130507017	环氧呋喃树脂涂料	kg	(1.258)	(0.663)	(0.599)
	143513009	环氧-呋喃树脂涂料固化剂	kg	(0.157)	(0.083)	(0.745)
	143511022	环氧-呋喃树脂稀释剂	kg	(0.210)	(0.110)	(0.100)
	031102005	铁砂布 0#～2#	张	2.244	1.122	—
	143545001	清洁剂	kg	0.151	—	—
	092705004	碎布	kg	0.077	—	—
机械	990304024	汽车式起重机 25t	台班	0.005	0.005	—

工作内容：调配、涂刷。　　　　计量单位：10m²

编号				12-2-174	12-2-175	12-2-176
项目				大型型钢钢结构		
				底涂层		面涂层
				两遍	增一遍	每一遍
名称			单位	消耗量		
人工	000303000	综合三类工	工日	0.460	0.242	0.165
材料	143511022	环氧-呋喃树脂稀释剂	kg	（0.671）	（0.354）	（0.320）
	143513009	环氧-呋喃树脂涂料固化剂	kg	（0.502）	（0.264）	（0.238）
	130507017	环氧呋喃树脂涂料	kg	（4.023）	（2.117）	（1.915）
	143545001	清洁剂	kg	0.432	—	—
	092705004	碎布	kg	0.192	—	—
	031102005	铁砂布 0#～2#	张	5.760	2.880	—
机械	990304024	汽车式起重机 25t	台班	0.008	0.008	—

十八、酚醛树脂涂料

工作内容：调配、涂刷。　　　　计量单位：10m²

编号				12-2-177	12-2-178	12-2-179	12-2-180
项目				设备			
				底涂层		中间涂层	面涂层
				两遍	增一遍	每一遍	
名称			单位	消耗量			
人工	000303000	综合三类工	工日	0.637	0.343	0.278	0.227
材料	130507006	酚醛树脂涂料	kg	（3.044）	（1.424）	（1.140）	（1.258）
	143313002	苯磺酰氯	kg	（0.190）	（0.090）	（0.080）	（0.100）
	143511013	酚醛树脂稀释剂	kg	0.970	0.470	0.350	0.320
	143545001	清洁剂	kg	0.450	—	—	—
	092705004	碎布	kg	0.200	—	—	—
	031102005	铁砂布 0#～2#	张	6.000	3.000	1.500	—

工作内容：调配、涂刷。 **计量单位：**10m²

编号				12-2-181	12-2-182	12-2-183	12-2-184
项目				管道			
				底涂层		中间涂层	面涂层
				两遍	增一遍	每一遍	
名称			单位	消耗量			
人工	000303000	综合三类工	工日	1.190	0.600	0.467	0.432
材料	130507006	酚醛树脂涂料	kg	（3.760）	（1.750）	（1.400）	（1.570）
	143313002	苯磺酰氯	kg	（0.240）	（0.110）	（0.100）	（0.130）
	143511013	酚醛树脂稀释剂	kg	1.100	0.530	0.430	0.330
	143545001	清洁剂	kg	0.495	—	—	—
	092705004	碎布	kg	0.200	—	—	—
	031102005	铁砂布 0#～2#	张	0.220	0.110	0.050	—

工作内容：调配、涂刷。 **计量单位：**100kg

编号				12-2-185	12-2-186	12-2-187	12-2-188
项目				一般钢结构			
				底涂层		中间涂层	面涂层
				两遍	增一遍	每一遍	
名称			单位	消耗量			
人工	000303000	综合三类工	工日	0.519	0.284	0.227	0.195
材料	130507006	酚醛树脂涂料	kg	（1.750）	（0.810）	（0.640）	（0.700）
	143313002	苯磺酰氯	kg	（0.110）	（0.050）	（0.050）	（0.060）
	143511013	酚醛树脂稀释剂	kg	0.570	0.270	0.200	0.180
	143545001	清洁剂	kg	0.261	—	—	—
	092705004	碎布	kg	0.120	—	—	—
	031102005	铁砂布 0#～2#	张	3.480	1.740	0.870	—
机械	990304024	汽车式起重机 25t	台班	0.005	0.005	0.005	—

工作内容：调配、涂刷。　　　　计量单位：100kg

编　　号				12-2-189	12-2-190	12-2-191	12-2-192
项　　目				管廊钢结构			
				底涂层		中间涂层	面涂层
				两遍	增一遍	每一遍	
名　　称			单位	消　耗　量			
人工	000303000	综合三类工	工日	0.325	0.182	0.142	0.121
材料	130507006	酚醛树脂涂料	kg	（1.041）	（0.477）	（0.375）	（0.422）
	143313002	苯磺酰氯	kg	（0.063）	（0.031）	（0.031）	（0.040）
	143511013	酚醛树脂稀释剂	kg	0.337	0.156	0.133	0.109
	143545001	清洁剂	kg	0.168	—	—	—
	092705004	碎布	kg	0.077	—	—	—
	031102005	铁砂布 0#～2#	张	2.236	1.122	0.561	—
机械	990304024	汽车式起重机 25t	台班	0.005	0.005	0.005	—

工作内容：调配、涂刷。　　　　计量单位：10m²

编　　号				12-2-193	12-2-194	12-2-195	12-2-196
项　　目				大型型钢钢结构			
				底涂层		中间涂层	面涂层
				两遍	增一遍	每一遍	
名　　称			单位	消　耗　量			
人工	000303000	综合三类工	工日	0.571	0.308	0.251	0.204
材料	130507006	酚醛树脂涂料	kg	（2.832）	（1.328）	（1.056）	（1.160）
	143313002	苯磺酰氯	kg	（0.184）	（0.088）	（0.080）	（0.096）
	143511013	酚醛树脂稀释剂	kg	0.928	0.448	0.336	0.304
	143545001	清洁剂	kg	0.432	—	—	—
	092705004	碎布	kg	0.192	—	—	—
	031102005	铁砂布 0#～2#	张	5.760	2.880	1.440	—
机械	990304024	汽车式起重机 25t	台班	0.008	0.008	0.008	—

十九、氯磺化聚乙烯涂料

工作内容：调配、涂刷。 **计量单位：**10m²

编号				12-2-197	12-2-198	12-2-199
项目				设备		
				底涂层	中间涂层	面涂层
				每一遍		
名称			单位	消耗量		
人工	000303000	综合三类工	工日	0.667	0.544	0.486
材料	130507047	氯磺化聚乙烯涂料	kg	(2.288)	(2.080)	(1.768)
	143511028	氯磺化聚乙烯稀释剂	kg	0.540	0.520	0.540
	143545001	清洁剂	kg	0.450	—	—
	092705004	碎布	kg	0.200	—	—
	031102005	铁砂布 0#～2#	张	0.220	—	—

工作内容：调配、涂刷。 **计量单位：**10m²

编号				12-2-200	12-2-201	12-2-202
项目				管道		
				底涂层	中间涂层	面涂层
				每一遍		
名称			单位	消耗量		
人工	000303000	综合三类工	工日	1.125	0.920	0.825
材料	130507047	氯磺化聚乙烯涂料	kg	(2.350)	(2.000)	(1.700)
	143511028	氯磺化聚乙烯稀释剂	kg	0.550	0.520	0.540
	143545001	清洁剂	kg	0.450	—	—
	092705004	碎布	kg	0.200	—	—
	031102005	铁砂布 0#～2#	张	0.220	—	—

工作内容：调配、涂刷。 **计量单位**：100kg

编号				12-2-203	12-2-204	12-2-205
项目				一般钢结构		
				底涂层	中间涂层	面涂层
				每一遍		
名称			单位	消耗量		
人工	000303000	综合三类工	工日	0.536	0.439	0.390
材料	130507047	氯磺化聚乙烯涂料	kg	(1.280)	(1.160)	(0.990)
	143511028	氯磺化聚乙烯稀释剂	kg	0.310	0.300	0.310
	143545001	清洁剂	kg	0.261	—	—
	092705004	碎布	kg	0.120	—	—
	031102005	铁砂布 0#～2#	张	0.130	—	—
机械	990304024	汽车式起重机 25t	台班	0.005	0.005	—

工作内容：调配、涂刷。 **计量单位**：100kg

编号				12-2-206	12-2-207	12-2-208
项目				管廊钢结构		
				底涂层	中间涂层	面涂层
				每一遍		
名称			单位	消耗量		
人工	000303000	综合三类工	工日	0.337	0.277	0.249
材料	130507047	氯磺化聚乙烯涂料	kg	(0.766)	(0.688)	(0.587)
	143511028	氯磺化聚乙烯稀释剂	kg	0.188	0.180	0.188
	143545001	清洁剂	kg	0.168	—	—
	092705004	碎布	kg	0.077	—	—
	031102005	铁砂布 0#～2#	张	0.085	—	—
机械	990304024	汽车式起重机 25t	台班	0.005	0.005	—

工作内容：调配、涂刷。 **计量单位：**10m²

编号				12-2-209	12-2-210	12-2-211
项目				大型型钢钢结构		
				底涂层	中间涂层	面涂层
				每一遍		
名称			单位	消耗量		
人工	000303000	综合三类工	工日	0.598	0.489	0.437
材料	130507047	氯磺化聚乙烯涂料	kg	（2.112）	（1.920）	（1.632）
	143511028	氯磺化聚乙烯稀释剂	kg	0.520	0.496	0.152
	143545001	清洁剂	kg	0.432	—	—
	092705004	碎布	kg	0.192	—	—
	031102005	铁砂布 0#～2#	张	0.208	—	—
机械	990304024	汽车式起重机 25t	台班	0.008	0.008	—

二十、过氯乙烯涂料

工作内容：运料、表面清洗、刷涂和喷涂。 **计量单位：**10m²

编号				12-2-212	12-2-213	12-2-214	12-2-215	12-2-216
项目				设备				
				磷化底涂层	喷底涂层		喷中间涂层	喷面涂层
				一遍	两遍	增一遍	每一遍	
名称			单位	消耗量				
人工	000303000	综合三类工	工日	0.388	0.162	0.090	0.122	0.056
材料	143511018	过氯乙烯涂料稀释剂	kg	—	（1.540）	（0.770）	（1.320）	（0.550）
	130103007	过氯乙烯面层涂料	kg	—	—	—	—	（0.550）
	130531002	磷化底涂料	kg	（1.373）	—	—	—	—
	130111016	过氯乙烯底层涂料	kg	—	（1.540）	（0.770）	—	—
	130117009	过氯乙烯中间层涂料	kg	—	—	—	（1.320）	—
	143511004	专用稀释剂	kg	0.280	—	—	—	—
	143545001	清洁剂	kg	0.450	—	—	—	—
	092705004	碎布	kg	0.200	—	—	—	—
	031102005	铁砂布 0#～2#	张	3.000	3.000	1.500	—	—
机械	991003040	电动空气压缩机 3m³/min	台班	—	0.200	0.100	0.160	0.080

工作内容：运料、表面清洗、刷涂和喷涂。 **计量单位**：$10m^2$

编号				12-2-217	12-2-218	12-2-219	12-2-220	12-2-221
项目				管道				
				磷化底涂层	喷底涂层		喷中间涂层	喷面涂层
				一遍	两遍	增一遍	每一遍	
名称			单位	消耗量				
人工	000303000	综合三类工	工日	0.548	0.187	0.098	0.146	0.082
材料	130117009	过氯乙烯中间层涂料	kg	—	—	—	(1.820)	—
	130103007	过氯乙烯面层涂料	kg	—	—	—	—	(0.720)
	130531002	磷化底涂料	kg	(1.680)	—	—	—	—
	143511004	专用稀释剂	kg	0.360	—	—	—	—
	143545001	清洁剂	kg	0.495	—	—	—	—
	092705004	碎布	kg	0.200	—	—	—	—
	031102005	铁砂布 0#～2#	张	0.220	0.110	—	—	—
	130111016	过氯乙烯底层涂料	kg	—	(1.960)	(0.980)	—	—
	143511017	过氯乙烯涂料稀释剂	kg	—	1.960	0.980	1.820	0.720
机械	991003040	电动空气压缩机 $3m^3/min$	台班	—	0.240	0.120	0.190	0.090

工作内容：运料、表面清洗、刷涂和喷涂。 **计量单位**：100kg

编号				12-2-222	12-2-223	12-2-224	12-2-225	12-2-226
项目				一般钢结构				
				磷化底涂层	喷底涂层		喷中间涂层	喷面涂层
				每一遍	两遍	每一遍		增一遍
名称			单位	消耗量				
人工	000303000	综合三类工	工日	0.317	0.106	0.049	0.073	0.041
材料	130531003	磷化底漆 X06-1	kg	(0.770)	—	—	—	—
	143511018	过氯乙烯涂料稀释剂	kg	—	(0.900)	(0.460)	(0.770)	(0.320)
	130111016	过氯乙烯底层涂料	kg	—	(0.900)	(0.460)	—	—
	130117009	过氯乙烯中间层涂料	kg	—	—	—	(0.770)	—
	130103007	过氯乙烯面层涂料	kg	—	—	—	—	(0.320)
	143307001	丁醇 95%	kg	0.120	—	—	—	—
	143303002	酒精 工业用 99.5%	kg	0.040	—	—	—	—
	143545001	清洁剂	kg	0.261	—	—	—	—
	092705004	碎布	kg	0.120	—	—	—	—
	031102005	铁砂布 0#～2#	张	1.740	1.740	—	—	—
机械	990304024	汽车式起重机 25t	台班	0.005	0.005	0.005	0.005	—
	991003040	电动空气压缩机 $3m^3/min$	台班	—	0.130	0.060	0.090	0.050

工作内容：运料、表面清洗、刷涂和喷涂。 **计量单位：**100kg

编号				12-2-227	12-2-228	12-2-229	12-2-230	12-2-231
项目				管廊钢结构				
				磷化底涂层	喷底涂层		喷中间涂层	喷面涂层
				每一遍	两遍	增一遍	每一遍	
名称			单位	消耗量				
人工	000303000	综合三类工	工日	0.197	0.068	0.034	0.048	0.027
材料	143511018	过氯乙烯涂料稀释剂	kg	—	（0.532）	（0.266）	（0.454）	（0.188）
	130117009	过氯乙烯中间层涂料	kg	—	—	—	（0.454）	—
	130103007	过氯乙烯面层涂料	kg	—	—	—	—	（0.188）
	130111016	过氯乙烯底层涂料	kg	—	（0.532）	（0.266）	—	—
	130531003	磷化底漆 X06-1	kg	（0.454）	—	—	—	—
	143307001	丁醇 95%	kg	0.077	—	—	—	—
	143303002	酒精 工业用 99.5%	kg	0.026	—	—	—	—
	143545001	清洁剂	kg	0.168	—	—	—	—
	092705004	碎布	kg	0.077	—	—	—	—
	031102005	铁砂布 0#～2#	张	1.131	1.131	—	—	—
机械	990304024	汽车式起重机 25t	台班	0.005	0.005	0.005	0.005	—
	991003040	电动空气压缩机 $3m^3/min$	台班	—	0.111	0.051	0.077	0.043

工作内容：运料、表面清洗、刷涂和喷涂。 **计量单位：**$10m^2$

编号				12-2-232	12-2-233	12-2-234	12-2-235	12-2-236
项目				大型型钢钢结构				
				磷化底涂层	喷底涂层		喷中间涂层	喷面涂层
				每一遍	两遍	增一遍	每一遍	
名称			单位	消耗量				
人工	000303000	综合三类工	工日	0.346	0.312	0.097	0.135	0.060
材料	143511018	过氯乙烯涂料稀释剂	kg	—	（1.741）	（0.866）	（1.487）	（0.621）
	130111016	过氯乙烯底层涂料	kg	—	（1.741）	（0.866）	—	—
	130117009	过氯乙烯中间层涂料	kg	—	—	—	（1.487）	—
	130103007	过氯乙烯面层涂料	kg	—	—	—	—	（0.621）
	130531002	磷化底涂料	kg	（1.264）	—	—	—	—
	143307001	丁醇 95%	kg	0.200	—	—	—	—
	143303002	酒精 工业用 99.5%	kg	0.064	—	—	—	—
	143545001	清洁剂	kg	0.432	—	—	—	—
	092705004	碎布	kg	0.192	—	—	—	—
	031102005	铁砂布 0#～2#	张	2.880	3.388	1.694	—	—
机械	990304024	汽车式起重机 25t	台班	0.008	0.008	0.008	0.008	—
	991003040	电动空气压缩机 $3m^3/min$	台班	—	0.226	0.113	0.179	0.094

二十一、环氧银粉涂料

工作内容：运料、表面清洗、配置、涂刷。 **计量单位：**见表

编号				12-2-237	12-2-238	12-2-239	12-2-240	12-2-241
项目				设备	管道	一般钢结构	管廊钢结构	大型型钢钢结构
				面涂层				
				每一遍				
单位				$10m^2$		100kg		$10m^2$
名称			单位	消耗量				
人工	000303000	综合三类工	工日	0.153	0.286	0.123	0.082	0.138
材料	130903002	环氧银粉涂料	kg	（1.731）	（2.190）	（1.000）	（0.594）	（1.608）
	143513004	T31 固化剂	kg	（0.090）	（0.140）	（0.060）	（0.040）	（0.088）
	143511004	专用稀释剂	kg	0.380	0.420	0.220	0.134	0.368
机械	990304024	汽车式起重机 25t	台班	—	—	—	—	0.005

二十二、红丹环氧防锈涂料、环氧面层涂料

工作内容：运料、表面清洗、配置、涂刷。 **计量单位：**$10m^2$

编号				12-2-242	12-2-243	12-2-244
项目				设备		
				底涂层		面涂层
				两遍	增一遍	每一遍
名称			单位	消耗量		
人工	000303000	综合三类工	工日	0.462	0.241	0.167
材料	130505012	红丹环氧防锈涂料	kg	（3.598）	（1.768）	—
	143513004	T31 固化剂	kg	（0.100）	（0.050）	（0.060）
	130507033	环氧面层涂料	kg	—	—	（1.560）
	143511004	专用稀释剂	kg	1.000	0.480	0.390
	143545001	清洁剂	kg	0.450	0.210	—
	092705004	碎布	kg	0.200	0.100	—
	031102005	铁砂布 $0^{\#}\sim2^{\#}$	张	6.000	3.000	—

工作内容：运料、表面清洗、配置、涂刷。 计量单位：$10m^2$

编号				12-2-245	12-2-246	12-2-247
项目				管道		
				底涂层		面涂层
				两遍	增一遍	每一遍
名称			单位	消耗量		
人工	000303000	综合三类工	工日	0.845	0.417	0.292
材料	130505012	红丹环氧防锈涂料	kg	（3.970）	（2.070）	—
	143513004	T31 固化剂	kg	（0.140）	（0.070）	（0.070）
	130507033	环氧面层涂料	kg	—	—	（1.880）
	143511004	专用稀释剂	kg	1.130	0.550	0.580
	143545001	清洁剂	kg	0.495	0.240	—
	092705004	碎布	kg	0.200	0.100	—
	031102005	铁砂布 0#～2#	张	6.000	3.000	—

工作内容：运料、表面清洗、配置、涂刷。 计量单位：100kg

编号				12-2-248	12-2-249	12-2-250
项目				一般钢结构		
				底涂层		面涂层
				两遍	增一遍	每一遍
名称			单位	消耗量		
人工	000303000	综合三类工	工日	0.379	0.193	0.138
材料	130505012	红丹环氧防锈涂料	kg	（2.050）	（1.090）	—
	143513004	T31 固化剂	kg	（0.080）	（0.050）	（0.030）
	130507033	环氧面层涂料	kg	—	—	（0.920）
	143511004	专用稀释剂	kg	0.630	—	0.290
	143545001	清洁剂	kg	0.264	0.123	—
	092705004	碎布	kg	0.120	0.100	—
	031102005	铁砂布 0#～2#	张	4.000	2.000	—
机械	990304024	汽车式起重机 25t	台班	0.005	0.005	—

工作内容：运料、表面清洗、配置、涂刷。　　　　计量单位：100kg

编号				12-2-251	12-2-252	12-2-253
项目				管廊钢结构		
				底涂层		面涂层
				两遍	增一遍	每一遍
名称			单位	消耗量		
人工	000303000	综合三类工	工日	0.241	0.127	0.087
材料	130507033	环氧面层涂料	kg	—	—	(0.509)
	143513004	T31 固化剂	kg	(0.047)	(0.031)	(0.016)
	130505012	红丹环氧防锈涂料	kg	(1.213)	(0.587)	—
	143511004	专用稀释剂	kg	0.408	0.200	0.187
	143545001	清洁剂	kg	0.171	0.079	—
	092705004	碎布	kg	0.077	0.043	—
	031102005	铁砂布 0#～2#	张	2.550	1.284	—
机械	990304024	汽车式起重机 25t	台班	0.005	0.005	—

工作内容：运料、表面清洗、配置、涂刷。　　　　计量单位：$10m^2$

编号				12-2-254	12-2-255	12-2-256
项目				大型型钢钢结构		
				底涂层		面涂层
				两遍	增一遍	每一遍
名称			单位	消耗量		
人工	000303000	综合三类工	工日	0.417	0.217	0.158
材料	130507033	环氧面层涂料	kg	—	—	(1.440)
	143513004	T31 固化剂	kg	(0.096)	(0.048)	(0.056)
	130505012	红丹环氧防锈涂料	kg	(3.320)	(1.632)	—
	143511004	专用稀释剂	kg	0.960	0.464	0.376
	143545001	清洁剂	kg	0.432	0.202	—
	092705004	碎布	kg	0.192	0.096	—
	031102005	铁砂布 0#～2#	张	5.760	2.880	—
机械	990304024	汽车式起重机 25t	台班	0.008	0.008	—

二十三、弹性聚氨酯涂料

工作内容：运料、表面清洗、配置、涂刷。 **计量单位：**10m²

编号				12-2-257	12-2-258	12-2-259	12-2-260
项目				设备			
				底涂层		中间涂层	面涂层
				两遍	增一遍	每一遍	
名称			单位	消耗量			
人工	000303000	综合三类工	工日	0.875	0.388	0.326	0.326
材料	130111029	弹性聚氨酯底层涂料	kg	（3.299）	（1.545）	—	—
	130103005	弹性聚氨酯面层涂料	kg	—	—	（1.516）	（1.516）
	143545001	清洁剂	kg	0.450	0.210	—	—
	092705004	碎布	kg	0.200	0.100	0.110	0.110
	031102005	铁砂布 0#～2#	张	6.000	3.000	1.000	—
	142121002	醋酸乙酯	kg	—	—	1.500	1.500

工作内容：运料、表面清洗、配置、涂刷。 **计量单位：**10m²

编号				12-2-261	12-2-262	12-2-263	12-2-264
项目				管道			
				底涂层		中间涂层	面涂层
				两遍	增一遍	每一遍	
名称			单位	消耗量			
人工	000303000	综合三类工	工日	1.359	0.641	0.571	0.571
材料	130111029	弹性聚氨酯底层涂料	kg	（4.080）	（1.870）	—	—
	130103005	弹性聚氨酯面层涂料	kg	—	—	（1.860）	（1.860）
	143545001	清洁剂	kg	0.573	0.270	—	—
	092705004	碎布	kg	0.230	0.100	0.110	0.110
	031102005	铁砂布 0#～2#	张	7.000	4.000	1.000	—
	142121002	醋酸乙酯	kg	—	—	1.940	1.910

工作内容： 运料、表面清洗、配置、涂刷。　　**计量单位：** 100kg

编　号				12-2-265	12-2-266	12-2-267	12-2-268
项　目				一般钢结构			
				底涂层		中间涂层	面涂层
				两遍	增一遍	每一遍	
名　称			单位	消　耗　量			
人工	000303000	综合三类工	工日	0.714	0.317	0.268	0.260
材料	130111029	弹性聚氨酯底层涂料	kg	(1.850)	(0.870)	—	—
	130103005	弹性聚氨酯面层涂料	kg	—	—	(0.860)	(0.860)
	143545001	清洁剂	kg	0.261	0.123	—	—
	092705004	碎布	kg	0.130	0.060	0.070	0.060
	031102005	铁砂布 0#～2#	张	3.480	1.740	0.580	—
	142121002	醋酸乙酯	kg	—	—	0.870	0.870
机械	990304024	汽车式起重机 25t	台班	0.005	0.005	0.005	—

工作内容： 运料、表面清洗、配置、涂刷。　　**计量单位：** 100kg

编　号				12-2-269	12-2-270	12-2-271	12-2-272
项　目				管廊钢结构			
				底涂层		中间涂层	面涂层
				两遍	增一遍	每一遍	
名　称			单位	消　耗　量			
人工	000303000	综合三类工	工日	0.446	0.202	0.292	0.292
材料	130111029	弹性聚氨酯底层涂料	kg	(1.095)	(0.509)	—	—
	130103005	弹性聚氨酯面层涂料	kg	—	—	(0.509)	(0.501)
	143545001	清洁剂	kg	0.168	0.079	—	—
	092705004	碎布	kg	0.085	0.043	0.043	0.043
	031102005	铁砂布 0#～2#	张	2.244	1.122	0.374	—
	142121002	醋酸乙酯	kg	—	—	0.561	0.561
机械	990304024	汽车式起重机 25t	台班	0.005	0.005	0.005	—

工作内容： 运料、表面清洗、配置、涂刷。 **计量单位：** $10m^2$

编号				12-2-273	12-2-274	12-2-275	12-2-276
项目				大型型钢钢结构			
				底涂层		中间涂层	面涂层
				两遍	增一遍	每一遍	
名称			单位	消耗量			
人工	000303000	综合三类工	工日	0.784	0.346	0.290	0.290
材料	130111029	弹性聚氨酯底层涂料	kg	（3.064）	（1.424）	—	—
	130103005	弹性聚氨酯面层涂料	kg	—	—	（1.416）	（1.392）
	143545001	清洁剂	kg	0.432	0.202	—	—
	092705004	碎布	kg	0.192	0.096	0.104	0.104
	031102005	铁砂布 0#～2#	张	5.760	2.880	0.960	—
	142121002	醋酸乙酯	kg	—	—	1.440	1.440
机械	990304024	汽车式起重机 25t	台班	0.008	0.008	0.008	—

二十四、乙烯基酯树脂涂料

工作内容： 运料、表面清理、配置、涂刷。 **计量单位：** $10m^2$

编号				12-2-277	12-2-278	12-2-279	12-2-280	12-2-281	12-2-282
项目				设备			管道		
				底涂层		面涂层	底涂层		面涂层
				两遍	增一遍	每一遍	两遍	增一遍	每一遍
名称			单位	消耗量					
人工	000303000	综合三类工	工日	0.735	0.394	0.260	1.359	0.680	0.497
材料	130507022	乙烯基酯树脂涂料	kg	—	—	—	（4.250）	（2.100）	（2.200）
	143513002	固化剂	kg	（0.120）	（0.058）	（0.060）	（0.128）	（0.063）	（0.066）
	130507023	乙烯基酯树脂底层涂料	kg	（4.139）	（1.976）	—	—	—	—
	130507024	乙烯基酯树脂面层材料	kg	—	—	（2.080）	—	—	—
	092705004	碎布	kg	0.200	0.100	0.100	0.200	0.100	0.100
	031102005	铁砂布 0#～2#	张	6.000	3.000	—	6.000	3.000	—

二十五、凉凉隔热胶

工作内容：运料、表面清理、配置、涂刷。　　**计量单位：**$10m^2$

编号				12-2-283	12-2-284	12-2-285	12-2-286	12-2-287	12-2-288
项目				设备外壁			管道外壁		
				底涂层	中间涂层	面涂层	底涂层	中间涂层	面涂层
				两遍 70μm	一遍 40μm	三遍 90μm	两遍 70μm	一遍 40μm	三遍 90μm
名称			单位	消耗量					
人工	000303000	综合三类工	工日	0.591	0.209	0.670	0.974	0.348	1.103
材料	130111005	凉凉隔热胶底层涂料	kg	(3.380)	—	—	(4.160)	—	—
	130117010	凉凉隔热胶中间层涂料	kg	—	(1.997)	—	—	(2.460)	—
	130103013	凉凉隔热胶面层涂料	kg	—	—	(4.566)	—	—	(5.620)

二十六、环氧玻璃鳞片防锈涂料

工作内容：配料拌匀、涂刷。　　**计量单位：**见表

编号				12-2-289	12-2-290	12-2-291
项目				设备	管道	一般钢结构
				底涂层		
				每一遍		
单位				$10m^2$		100kg
名称			单位	消耗量		
人工	000303000	综合三类工	工日	0.295	0.451	0.240
材料	130530003	环氧玻璃鳞片涂料	kg	(4.576)	(4.700)	(2.319)
	143511020	环氧玻璃鳞片涂料稀释剂	kg	0.430	0.440	0.227
机械	990304024	汽车式起重机 25t	台班	—	—	0.006

二十七、玻璃鳞片重防腐涂料

工作内容： 配料拌匀、涂刷。 **计量单位：** $10m^2$

编号				12-2-292	12-2-293	12-2-294
项目				金属面（设备）		
				底涂层		面涂层
				两遍	增一遍	每一遍
名称			单位	消耗量		
人工	000303000	综合三类工	工日	0.663	0.349	0.229
材料	130507004	玻璃鳞片重防腐涂料	kg	（5.408）	（2.704）	（2.496）
	143511004	专用稀释剂	kg	1.190	0.580	0.580
	031102005	铁砂布 $0^{\#}$～$2^{\#}$	张	7.200	—	—

二十八、无溶剂环氧涂料

工作内容： 运料、表面清理、调配、喷涂。 **计量单位：** $10m^2$

编号				12-2-295	12-2-296
项目				设备内壁	管道内壁
				干膜 350μm	干膜 350μm
					*DN*150～350mm
名称			单位	消耗量	
人工	000303000	综合三类工	工日	0.703	0.563
材料	130530002	无溶剂环氧涂料	kg	（7.644）	（6.840）
	143505001	丙酮清洗剂	kg	1.470	1.370
机械	991201010	轴流通风机 7.5kW	台班	0.300	0.300
	991003050	电动空气压缩机 $6m^3/min$	台班	0.200	0.200

二十九、氯化橡胶类厚浆型防锈涂料

工作内容：调配、涂刷。　　　　**计量单位：**10m²

编　号				12-2-297	12-2-298	12-2-299	12-2-300
项　目				铝粉厚浆型	铁红厚浆型	云铁厚浆型	沥青厚浆型防锈涂层
				管道			
				每一遍			
名　称			单位	消　耗　量			
人工	000303000	综合三类工	工日	0.630	0.646	0.561	0.490
材料	130505018	氯化橡胶云铁厚浆型防锈涂料	kg	—	—	（2.330）	—
	130505015	氯化橡胶沥青厚浆型防锈涂料	kg	—	—	—	（2.070）
	130505016	氯化橡胶铝粉厚浆型防锈涂料	kg	（2.750）	—	—	—
	130505017	氯化橡胶铁红厚浆型防锈涂料	kg	—	（2.820）	—	—

三十、环氧富锌、云铁中间层涂料

工作内容：运料、配置、拌匀、涂刷。　　　　**计量单位：**10m²

编　号				12-2-301	12-2-302	12-2-303	12-2-304
项　目				设备		管道	
				环氧富锌底涂层	云铁中间涂层	环氧富锌底涂层	云铁中间涂层
				每一遍			
名　称			单位	消　耗　量			
人工	000303000	综合三类工	工日	0.159	0.206	0.255	0.326
材料	130507028	环氧富锌底层涂料	kg	（2.600）	—	（2.760）	—
	143513004	T31 固化剂	kg	（0.500）	—	（0.550）	—
	130507038	氯化橡胶云铁中间层涂料	kg	—	（5.366）	—	（5.930）
	143511004	专用稀释剂	kg	0.504	—	0.560	—

工作内容：运料、配置、拌匀、涂刷。 计量单位：100kg

编号				12-2-305	12-2-306	12-2-307	12-2-308
项目				一般钢结构		管廊钢结构	
				环氧富锌底涂层	云铁中间涂层	环氧富锌底涂层	云铁中间涂层
				每一遍			
名称			单位	消耗量			
人工	000303000	综合三类工	工日	0.129	0.168	0.069	0.090
材料	130507028	环氧富锌底层涂料	kg	（1.318）	—	（0.719）	—
	143513004	T31 固化剂	kg	（0.264）	—	—	—
	130507038	氯化橡胶云铁中间层涂料	kg	—	（2.719）	—	（1.453）
	143511004	专用稀释剂	kg	0.265	—	0.144	0.160
	143513003	T31 固化剂	kg	—	—	0.144	—
机械	990304024	汽车式起重机 25t	台班	0.006	0.006	0.005	0.005

工作内容：运料、配置、拌匀、涂刷。 计量单位：$10m^2$

编号				12-2-309	12-2-310	12-2-311
项目				大型型钢钢结构		铸铁管、暖气片刷油
				环氧富锌底涂层	云铁中间涂层	环氧富锌涂层
				每一遍		
名称			单位	消耗量		
人工	000303000	综合三类工	工日	0.122	0.159	0.266
材料	130507028	环氧富锌底层涂料	kg	（2.010）	—	（3.000）
	143513004	T31 固化剂	kg	（0.401）	（0.802）	（0.601）
	130507038	氯化橡胶云铁中间层涂料	kg	—	（4.058）	—
	143511004	专用稀释剂	kg	0.401	0.802	0.601
机械	990304024	汽车式起重机 25t	台班	0.008	0.008	—

三十一、环氧煤沥青防腐涂料

工作内容：运料、调配、涂刷、缠玻璃丝布。 **计量单位：**10m²

编号				12-2-312	12-2-313	12-2-314
项目				环氧煤沥青防腐		
				（增）一底	（增）一油	（增）一布
名称			单位	消耗量		
人工	000303000	综合三类工	工日	0.235	0.281	0.360
材料	130507031	环氧煤沥青底层涂料	kg	（2.500）	—	—
	143511005	专用稀释剂	kg	（0.180）	（0.200）	—
	143513004	T31 固化剂	kg	（0.200）	（0.260）	（0.780）
	130507032	环氧煤沥青面层涂料	kg	—	（2.800）	—
	150702002	玻璃布（综合）	m^2	—	—	（14.000）
	140307001	煤油	kg	0.060	0.060	—

三十二、管道沥青玻璃布防腐

工作内容：施工准备、材料搬运、熬沥青、涂刷、缠玻璃丝布。 **计量单位：**10m²

编号				12-2-315	12-2-316
项目				管道沥青玻璃布防腐	
				（增）一油	（增）一布
名称			单位	消耗量	
人工	000303000	综合三类工	工日	0.395	0.424
材料	133101004	石油沥青 10#	kg	（22.500）	—
	150702007	玻璃丝布（综合）	m^2	—	（14.000）
	341105002	煤	kg	3.200	—
	040911001	滑石粉	kg	10.000	—

三十三、聚氯乙烯缠绕带

工作内容： 运料、配料、刷涂、涂底胶、缠绕胶带。 **计量单位：** $10m^2$

编号				12-2-317	12-2-318
项目				管道	
				底涂层（干膜 220μm）	缠绕一层
				一遍	
名称			单位	消耗量	
人工	000303000	综合三类工	工日	0.242	0.726
材料	130507047	氯磺化聚乙烯涂料	kg	（3.000）	—
	271703001	聚氯乙烯缠绕带 $H=200\sim250$	m^2	—	（12.000）
机械	990304024	汽车式起重机 25t	台班	—	0.006

三十四、硅酸锌防腐蚀涂料

工作内容： 运料、表面清洗、配置、喷涂。 **计量单位：** $10m^2$

编号				12-2-319	12-2-320	12-2-321
项目				管道		
				底涂层	中间涂层	面涂层
				两遍	增一遍	每一遍
名称			单位	消耗量		
人工	000303000	综合三类工	工日	1.673	0.687	0.628
材料	130507011	硅酸锌涂料	kg	（4.620）	（1.800）	（1.700）
	092705004	碎布	kg	0.200	0.100	0.100
	031102005	铁砂布 $0^{\#}\sim2^{\#}$	张	2.000	—	—
机械	991201010	轴流通风机 7.5kW	台班	0.240	0.190	0.190
	991003040	电动空气压缩机 $3m^3/min$	台班	0.240	0.190	0.190

三十五、通用型仿瓷涂料

工作内容：运料、表面清洗、配置、涂刷。　　　　**计量单位：**10m²

编　号				12-2-322	12-2-323	12-2-324	12-2-325	12-2-326	12-2-327
项　目				设备			管道		
				底涂层	中间涂层	面涂层	底涂层	中间涂层	面涂层
				每一遍					
名　称			单位	消　耗　量					
人工	000303000	综合三类工	工日	0.596	0.527	0.515	0.863	0.724	0.703
材料	130303006	仿瓷涂料	kg	（2.080）	（1.976）	（1.872）	（2.200）	（1.900）	（1.900）
	143513002	固化剂	kg	（1.040）	（0.988）	（0.936）	（1.100）	（0.950）	（0.950）

三十六、TO 树脂漆涂料

工作内容：运料、表面清洗、搅拌、配置、涂刷。　　　　**计量单位：**10m²

编　号				12-2-328	12-2-329	12-2-330
项　目				设备		
				底涂层		面涂层
				第一遍	增一遍	每一遍
名　称			单位	消　耗　量		
人工	000303000	综合三类工	工日	0.300	0.291	0.291
材料	130111011	TO 树脂底漆	kg	（1.716）	（1.508）	—
	143513007	TO 树脂固化剂	kg	（0.177）	（0.156）	（0.156）
	130507013	TO 树脂面层涂料	kg	—	—	（1.508）
	311713001	氧化铁红	kg	0.170	0.150	0.150
	143317001	动力苯	kg	0.240	0.220	0.220

工作内容：运料、表面清洗、搅拌、配置、涂刷。 **计量单位：**$10m^2$

编号				12-2-331	12-2-332	12-2-333
项目				管道		
				底涂层		面涂层
				第一遍	增一遍	每一遍
名称			单位	消耗量		
人工	000303000	综合三类工	工日	0.424	0.380	0.380
材料	130111012	TO 树脂底层涂料	kg	（1.800）	（1.500）	—
	143513007	TO 树脂固化剂	kg	（0.180）	（0.150）	（0.150）
	130507013	TO 树脂面层涂料	kg	—	—	（1.500）
	311713001	氧化铁红	kg	0.180	0.150	0.150
	143317001	动力苯	kg	0.270	0.230	0.230

工作内容：运料、表面清洗、搅拌、配置、涂刷。 **计量单位：**100kg

编号				12-2-334	12-2-335	12-2-336
项目				一般钢结构		
				底涂层		面涂层
				第一遍	增一遍	每一遍
名称			单位	消耗量		
人工	000303000	综合三类工	工日	0.244	0.236	0.236
材料	130111012	TO 树脂底层涂料	kg	（1.000）	（0.860）	—
	143513007	TO 树脂固化剂	kg	（0.100）	（0.090）	（0.090）
	130507013	TO 树脂面层涂料	kg	—	—	（0.860）
	311713001	氧化铁红	kg	0.100	0.090	0.090
	143317001	动力苯	kg	0.140	0.130	0.130
机械	990304024	汽车式起重机 25t	台班	0.005	0.005	—

工作内容：运料、表面清洗、搅拌、配置、涂刷。　　　　**计量单位：**100kg

编　　号				12-2-337	12-2-338	12-2-339
项　　目				管廊钢结构		
				底涂层		面涂层
				第一遍	增一遍	第一遍
名　　称			单位	消　耗　量		
人工	000303000	综合三类工	工日	0.156	0.149	0.149
材料	130507013	TO 树脂面层涂料	kg	—	—	（0.509）
	143513007	TO 树脂固化剂	kg	（0.063）	（0.055）	（0.055）
	130111012	TO 树脂底层涂料	kg	（0.571）	（0.509）	—
	311713001	氧化铁红	kg	0.063	0.055	0.055
	143317001	动力苯	kg	0.086	0.078	0.078
机械	990304024	汽车式起重机 25t	台班	0.005	0.005	—

工作内容：运料、表面清洗、搅拌、配置、涂刷。　　　　**计量单位：**$10m^2$

编　　号				12-2-340	12-2-341	12-2-342
项　　目				大型型钢钢结构		
				底涂层		面涂层
				第一遍	增一遍	每一遍
名　　称			单位	消　耗　量		
人工	000303000	综合三类工	工日	0.268	0.260	0.260
材料	130507013	TO 树脂面层涂料	kg	—	—	（1.392）
	143513007	TO 树脂固化剂	kg	（0.160）	（0.144）	（0.144）
	130111012	TO 树脂底层涂料	kg	（1.584）	（1.392）	—
	311713001	氧化铁红	kg	0.160	0.144	0.144
	143317001	动力苯	kg	0.232	0.208	0.208
机械	990304024	汽车式起重机 25t	台班	0.005	0.005	—

三十七、防静电涂料

工作内容：运料、表面清洗、搅拌、配置、涂刷。 **计量单位：**10m²

编号				12-2-343	12-2-344	12-2-345
项目				金属油罐内壁		
				底涂层		面涂层
				两遍	增一遍	每一遍
名称			单位	消耗量		
人工	000303000	综合三类工	工日	0.584	0.313	0.207
材料	130511001	耐油防静电底层涂料	kg	（0.842）	（0.416）	—
	143513017	防静电涂料固化剂	kg	（0.281）	（0.146）	（0.395）
	040927004	锌粉	kg	（1.945）	（0.967）	—
	130511002	耐油防静电面层涂料	kg	—	—	（1.581）
	143545001	清洁剂	kg	0.450	—	—
	092705004	碎布	kg	0.200	—	—
	031102005	铁砂布 0#～2#	张	6.000	3.000	—
机械	991201010	轴流通风机 7.5kW	台班	0.780	0.460	0.360

三十八、涂层固化一次

工作内容：安装拆卸灯、调节、检查。 **计量单位：**见表

编号				12-2-346	12-2-347	12-2-348	12-2-349	12-2-350	12-2-351
项目				蒸汽			红外线		
				设备	管道	支架	设备	管道	支架
单位				10m²		100kg	10m²		100kg
名称			单位	消耗量					
人工	000303000	综合三类工	工日	5.276	3.222	1.283	1.811	1.632	0.957
材料	341113001	蒸汽	t	13.800	8.310	3.280	—	—	—
	250101004	红外线灯泡 220V 1000W	个	—	—	—	0.020	0.020	0.010
机械	870699097	远红外线调压器	台班	—	—	—	0.180	0.180	0.180

三十九、电火花检测

工作内容：施工准备、工作面清理、搬运仪器、检测、记录。　　**计量单位：**10m²

编号				12-2-352
项目				电火花检测
				埋地钢制管道防腐
名称			单位	消耗量
人工	000303000	综合三类工	工日	0.064
材料	340115001	电池	节	0.006
	850103005	其他材料费	元	0.130
机械	874614170	电火花检测仪	台班	0.050

四十、储罐底板边缘板防腐防水

工作内容：施工准备、运料、表面清洗、配制、涂刷（刷胶、衬布）。　　**计量单位：**10m²

编号				12-2-353	12-2-354	12-2-355	12-2-356
项目				CTPU 弹性聚氨酯涂料			
				底胶	胶泥	中间密封层	面胶
				一遍	两遍	一布一油	两遍
名称			单位	消耗量			
人工	000303000	综合三类工	工日	0.232	1.426	0.458	0.346
材料	133503025	CTPU 弹性密封底胶 双组分	kg	（1.800）	—	（1.913）	—
	143511005	专用稀释剂	kg	（0.090）	—	（0.100）	（0.190）
	133503026	CTPU 弹性密封胶泥 三组分	kg	—	（71.145）	—	—
	150702010	玻璃丝布 δ0.2	m²	—	—	（12.500）	—
	133503027	CTPU 弹性密封面胶 双组分	kg	—	—	—	（3.825）
	850103005	其他材料费	元	0.460	2.850	0.920	0.690

工作内容：施工准备、运料、表面清洗、配制、涂刷（刷胶、衬布）。　　　　**计量单位：**见表

编号				12-2-357	12-2-358	12-2-359	12-2-360
项目				镶贴橡胶腰线	预制安装	基础面平整	安装弹性过渡缝
单位				m	m^3	$10m^2$	m
名称			单位	消耗量			
人工	000303000	综合三类工	工日	0.078	4.134	0.195	0.232
材料	020101014	软橡胶板	m^2	（0.167）	—	—	—
	030107008	膨胀螺栓 M4～6	套	3.500	—	—	—
	341103001	电	kW·h	0.150	—	—	—
	023301001	草袋	条	—	0.406	—	—
	031501005	铁钉	kg	—	0.163	—	—
	040100003	水泥 32.5	kg	—	387.000	0.028	—
	040315003	黄砂 中砂	m^3	—	0.424	0.084	—
	040501002	碎石（综合）	m^3	—	0.896	—	—
	050301001	木材	m^3	—	0.069	—	—
	341101001	水	m^3	—	0.420	0.042	—
	350321002	木模材料	m^3	—	0.011	—	—
	350111007	组合钢模板	kg	—	10.260	—	—
	350219003	模板卡具	kg	—	3.720	—	—
	330127007	支撑钢管及扣件	kg	—	5.317	—	—
	133503026	CTPU 弹性密封胶泥 三组分	kg	—	—	（7.533）	（0.159）
	092705004	碎布	kg	—	—	0.080	—
	031102005	铁砂布 0#～2#	张	—	—	0.600	—
	340907005	钢丝刷	把	—	—	0.080	—
	172707009	橡胶管 D20～25	m	—	—	—	1.030
	850103005	其他材料费	元	0.010	—	—	0.460

第三章

手工糊衬纤维增强塑料工程

说　明

一、本章内容包括碳钢设备手工糊衬纤维增强塑料和管道纤维增强塑料工程。

二、施工工序：包含材料运输、填料干燥过筛、设备表面清洗、塑料管道表面打毛、清洗、胶液配制、刷涂、腻子配制、刮涂、玻璃丝布脱脂、下料、贴衬。

三、本章不包括金属表面除锈。

四、相关规定：

1. 如所用胶液配合比、材料品种与标准不同时，可按标准中各种胶液的树脂用量为基数进行换算。

2. 塑料管道玻璃钢增强所用玻璃布按幅宽 200～250mm，厚度 0.2～0.25mm 考虑，若玻璃布厚度与标准取定不同时，玻璃布消耗量不变，胶料按玻璃布厚度比调整标准用量。

工程量计算规则

手工糊衬纤维增强塑料工程中的碳钢设备、塑料管道应根据设计图示尺寸，分别以“$10m^2$”为计量单位。

一、环氧树脂纤维增强塑料

工作内容：填料干燥过筛，下料、贴衬。　　　　**计量单位：**10m²

编号				12-3-1	12-3-2	12-3-3	12-3-4	12-3-5	12-3-6
项目				碳钢设备					
				底涂层一遍	刮涂腻子	衬布一层	衬 300g 短切毡一层	衬 50g 表面毡一层	面涂层一遍
名称			单位	消耗量					
人工	000203000	综合二类工	工日	0.425	0.161	3.003	5.527	3.003	0.305
材料	142107002	环氧树脂	kg	（1.440）	（0.290）	（2.080）	（7.800）	（2.460）	（1.380）
	143513004	T31 固化剂	kg	（0.288）	（0.058）	（0.416）	（1.560）	（0.492）	（0.276）
	150702004	玻璃布 δ0.2	m²	—	—	（11.500）	—	—	—
	022709002	短切毡 300g	m²	—	—	—	（11.500）	—	—
	022709003	表面毡 50g	m²	—	—	—	—	（11.500）	—
	143511024	环氧树脂稀释剂	kg	0.720	0.058	0.416	1.560	0.492	0.276
	143303002	酒精 工业用 99.5%	kg	1.500	—	—	—	—	—
	092705004	碎布	kg	0.200	—	—	—	—	—
	040915006	石英粉	kg	—	0.460	0.260	0.710	0.260	0.120
	031102005	铁砂布 0#～2#	张	—	4.000	2.000	2.000	2.000	—
机械	991201010	轴流通风机 7.5kW	台班	0.450	0.200	1.240	2.500	1.240	0.290

工作内容：填料干燥过筛，下料、贴衬。　　　　**计量单位：**10m²

编号				12-3-7	12-3-8	12-3-9
项目				塑料管道增强		
				底涂层一遍	缠布一层	面涂层一遍
名称			单位	消耗量		
人工	000203000	综合二类工	工日	1.358	2.995	0.425
材料	142107002	环氧树脂	kg	（1.350）	（1.940）	（1.290）
	143513004	T31 固化剂	kg	（0.270）	（0.388）	（0.258）
	143511025	环氧树脂稀释剂	kg	（0.675）	（0.388）	（0.645）
	150702004	玻璃布 δ0.2	m²	—	（14.000）	—
	092705004	碎布	kg	0.200	—	—
	040915006	石英粉	kg	0.230	0.260	0.120
	031102005	铁砂布 0#～2#	张	4.000	2.000	—

二、酚醛树脂纤维增强塑料

工作内容：填料干燥过筛，下料、贴衬。 计量单位：10m²

编号				12-3-10	12-3-11	12-3-12	12-3-13	12-3-14	12-3-15
项目				碳钢设备					
				底涂层一遍	刮涂腻子	衬布一层	衬 300g 短切毡一层	衬 50g 表面毡一层	面涂层一遍
名称			单位	消耗量					
人工	000203000	综合二类工	工日	0.425	0.161	3.374	6.207	3.374	0.305
材料	142101002	酚醛树脂	kg	—	—	（1.990）	（8.200）	（2.460）	（1.320）
	022709003	表面毡 50g	m²	—	—	—	—	（11.500）	—
	143313002	苯磺酰氯	kg	—	—	（0.200）	（0.820）	（0.246）	（0.132）
	142107002	环氧树脂	kg	（1.440）	（0.290）	—	—	—	—
	150702004	玻璃布 δ0.2	m²	—	—	（11.500）	—	—	—
	143513004	T31 固化剂	kg	（0.288）	（0.058）	—	—	—	—
	143303002	酒精 工业用 99.5%	kg	1.500	—	—	—	—	—
	022709002	短切毡 300g	m²	—	—	—	（11.500）	—	—
	040915006	石英粉	kg	—	0.460	0.260	0.740	0.260	0.180
	031102005	铁砂布 0#～2#	张	—	4.000	2.000	2.000	2.000	—
	143511024	环氧树脂稀释剂	kg	0.720	0.058	—	—	—	—
	092705004	碎布	kg	0.200	—	—	—	—	—
机械	991201010	轴流通风机 7.5kW	台班	0.450	0.200	1.240	2.500	1.240	0.290

工作内容：填料干燥过筛，下料、贴衬。　　　　**计量单位：**10m²

编号				12-3-16	12-3-17	12-3-18
项目				塑料管道增强		
				底涂层一遍	缠布一层	面涂层一遍
名称			单位	消耗量		
人工	000203000	综合二类工	工日	1.358	3.191	0.425
材料	142101002	酚醛树脂	kg	—	(2.030)	(1.390)
	143313002	苯磺酰氯	kg	—	(0.203)	(0.139)
	142107002	环氧树脂	kg	(1.350)	—	—
	150702004	玻璃布 δ0.2	m²	—	(14.000)	—
	040915006	石英粉	kg	0.230	0.260	0.180
	031102005	铁砂布 0#～2#	张	4.000	2.000	—
	143511024	环氧树脂稀释剂	kg	0.675	—	—
	092705004	碎布	kg	0.200	—	—
	143513003	T31 固化剂	kg	0.270	—	—

三、呋喃树脂纤维增强塑料

工作内容：填料干燥过筛，下料、贴衬。　　　　**计量单位：**10m²

编号				12-3-19	12-3-20	12-3-21	12-3-22	12-3-23	12-3-24
项目				碳钢设备					
				底涂层一遍	刮涂腻子	衬 300g 短切毡一层	衬布一层	衬 50g 表面毡一层	面涂层一遍
名称			单位	消耗量					
人工	000203000	综合二类工	工日	0.425	0.161	6.207	3.374	3.374	0.305
材料	142107002	环氧树脂	kg	(1.440)	(0.290)	—	—	—	—
	143513004	T31 固化剂	kg	(0.288)	(0.060)	—	—	—	—
	142105002	呋喃树脂	kg	—	—	(8.970)	(3.680)	(3.680)	(2.530)
	150702004	玻璃布 δ0.2	m²	—	—	—	(11.500)	—	—
	022709002	短切毡 300g	m²	—	—	(11.500)	—	—	—
	022709003	表面毡 50g	m²	—	—	—	—	(11.500)	—

续前

编号				12-3-19	12-3-20	12-3-21	12-3-22	12-3-23	12-3-24
项目				碳钢设备					
				底涂层一遍	刮涂腻子	衬 300g 短切毡一层	衬布一层	衬 50g 表面毡一层	面涂层一遍
名称			单位	消耗量					
材料	143511024	环氧树脂稀释剂	kg	0.720	0.175	—	—	—	—
	143303002	酒精 工业用 99.5%	kg	1.500	—	—	—	—	—
	092705004	碎布	kg	0.200	—	—	—	—	—
	040915006	石英粉	kg	—	0.460	—	—	—	—
	031102005	铁砂布 0#～2#	张	—	4.000	2.000	2.000	2.000	—
	130507008	呋喃粉	kg	—	—	4.485	1.840	1.840	1.265
机械	991201010	轴流通风机 7.5kW	台班	0.450	0.200	2.500	1.240	1.240	0.290

工作内容： 填料干燥过筛，下料、贴衬。 **计量单位：** 10m²

编号				12-3-25	12-3-26	12-3-27
项目				塑料管道增强		
				底涂层一遍	缠布一层	面涂层一遍
名称			单位	消耗量		
人工	000203000	综合二类工	工日	1.358	3.190	0.425
材料	142105002	呋喃树脂	kg	—	(2.500)	(1.500)
	130507009	呋喃粉	kg	—	(1.300)	(0.700)
	031102005	铁砂布 0#～2#	张	4.000	2.000	—
	142107002	环氧树脂	kg	(1.350)	—	—
	143513004	T31 固化剂	kg	(0.270)	—	—
	143511024	环氧树脂稀释剂	kg	0.675	—	—
	143345001	邻苯二甲酸二丁酯	kg	0.180	—	—
	092705004	碎布	kg	0.200	—	—
	150702004	玻璃布 δ0.2	m²	—	(14.000)	—
	040915006	石英粉	kg	0.230	0.260	0.120

四、不饱和聚酯树脂纤维增强塑料

工作内容：填料干燥过筛、下料、贴衬。　　　　**计量单位：**10m²

编号				12-3-28	12-3-29	12-3-30	12-3-31	12-3-32	12-3-33
项目				碳钢设备					
				底涂层一遍	刮涂腻子	衬布一层	衬 300g 短切毡一层	衬 50g 表面毡一层	面涂层一遍
名称			单位	消耗量					
人工	000203000	综合二类工	工日	0.425	0.161	4.621	8.502	4.621	0.305
材料	142117003	双酚 A 型不饱和聚酯树脂	kg	—	—	(1.760)	(7.920)	(1.760)	(1.170)
	133501003	过氧化环乙酮糊液 50%固化剂（密封膏）	kg	—	—	(0.070)	(0.320)	(0.070)	(0.050)
	143325001	环烷酸钴苯乙烯溶液	kg	—	—	(0.040)	(0.160)	(0.040)	(0.020)
	142107002	环氧树脂	kg	(1.440)	(0.290)	—	—	—	—
	143513004	T31 固化剂	kg	(0.288)	(0.058)	—	—	—	—
	150702004	玻璃布 δ0.2	m²	—	—	(11.500)	—	—	—
	022709002	短切毡 300g	m²	—	—	—	(11.500)	—	—
	022709003	表面毡 50g	m²	—	—	—	—	(11.500)	—
	040915006	石英粉	kg	—	0.460	—	—	—	—
	092705004	碎布	kg	0.200	—	—	—	—	—
	031102005	铁砂布 0#～2#	张	—	4.000	2.000	2.000	2.000	—
	143511024	环氧树脂稀释剂	kg	0.720	0.058	—	—	—	—
	143303002	酒精 工业用 99.5%	kg	1.500	—	—	—	—	—
机械	991201010	轴流通风机 7.5kW	台班	0.450	0.200	1.240	2.500	1.240	0.290

工作内容：填料干燥过筛、下料、贴衬。 计量单位：10m²

编号				12-3-34	12-3-35	12-3-36
项目				塑料管道增强		
				底涂层一遍	缠布一层	面涂层一遍
名称			单位	消耗量		
人工	000203000	综合二类工	工日	1.653	4.371	0.422
材料	142117003	双酚A型不饱和聚酯树脂	kg	—	（1.760）	（1.170）
	133501003	过氧化环乙酮糊液 50%固化剂（密封膏）	kg	—	（0.070）	（0.050）
	143325001	环烷酸钴苯乙烯溶液	kg	—	（0.040）	（0.020）
	142107002	环氧树脂	kg	（1.350）	—	—
	143513004	T31 固化剂	kg	（0.270）	—	—
	143511025	环氧树脂稀释剂	kg	（0.675）	—	—
	150702004	玻璃布 δ0.2	m²	—	（14.000）	—
	031102005	铁砂布 0#～2#	张	4.000	2.000	—
	040915006	石英粉	kg	0.230	—	—
	092705004	碎布	kg	0.200	—	—

五、乙烯基酯树脂纤维增强塑料

工作内容：填料干燥过筛、下料、贴衬。 计量单位：10m²

编号				12-3-37	12-3-38	12-3-39	12-3-40
项目				碳钢设备			
				底涂层一遍	刮涂腻子	衬布一层	衬 300g 短切毡一层
名称			单位	消耗量			
人工	000203000	综合二类工	工日	0.551	0.169	3.374	5.527
材料	142129001	乙烯基酯树脂	kg	（1.500）	（0.250）	（2.000）	（9.000）
	143513002	固化剂	kg	（0.120）	（0.002）	（0.016）	（0.270）
	150702004	玻璃布 δ0.2	m²	—	—	（11.500）	—
	022709002	短切毡 300g	m²	—	—	—	（11.500）
	092705003	碎布	箱	0.200	—	—	—
	040915006	石英粉	kg	—	0.500	—	—
	031102005	铁砂布 0#～2#	张	—	4.000	2.000	2.000
机械	991201010	轴流通风机 7.5kW	台班	0.450	0.200	1.240	2.500

工作内容：填料干燥过筛、下料、贴衬。　　　　**计量单位：**$10m^2$

编号				12-3-41	12-3-42	12-3-43
项目				碳钢设备		各种玻璃钢聚合一次
				衬 50g 表面毡一层	面涂层一遍	
名称			单位	消耗量		
人工	000203000	综合二类工	工日	3.003	0.305	7.797
材料	142129001	乙烯基酯树脂	kg	（2.000）	（1.600）	—
	143513002	固化剂	kg	（0.060）	（0.016）	—
	022709003	表面毡 50g	m^2	（11.500）	—	—
	341113002	蒸汽	t	—	—	（18.400）
	031102005	铁砂布 $0^{\#}\sim2^{\#}$	张	2.000	—	—
机械	991201010	轴流通风机 7.5kW	台班	1.240	0.290	—

第四章

橡胶板及塑料板衬里工程

说　明

一、本章内容包括金属管道、阀门、管件、多孔板、设备的橡胶板衬里和金属表面的软聚氯乙烯塑料板衬里。

二、本章不包括除锈工作内容。

三、有关规定：

1. 热硫化橡胶板的硫化方法按间接硫化处理考虑，需要直接硫化处理时，其人工费乘以系数 1.25，材料费、机械费另行计算。

2. 带有超过总面 15%衬里零件的贮槽、塔类设备，其人工乘以系数 1.40。

3. 塑料板衬里工程，搭接缝按胶接考虑。若采用焊接时，其人工乘以系数 1.80，胶浆用量乘以系数 0.50，硬聚氯乙烯焊条用量为 5.19kg/10m^2。

4. 橡胶板及塑料板用量包括：有效面积需用量（不扣除人孔）；搭接面积需用量；法兰翻边及下料时的合理损耗量。

工程量计算规则

橡胶板及塑料板衬里工程应区分设备、多孔板、管道、阀门、弯头、其他管件、金属表面，分别以“$10m^2$”为计量单位。

一、热硫化硬橡胶衬里

工作内容：运料、配浆、下料削边、表面清洗、刷浆贴衬、火花检查、硫化、硬度检查。　**计量单位：**10m²

编　号				12-4-1	12-4-2	12-4-3	12-4-4
项　目				设备		多孔板	
				一层	两层	一层	两层
名　称			单位	消　耗　量			
人工	000203000	综合二类工	工日	10.080	15.905	50.588	84.664
材料	020101015	硬橡胶板	m^2	(11.220)	(22.440)	(11.780)	(23.560)
	144135014	胶料 S1002	kg	(1.990)	(3.580)	(2.000)	(3.600)
	140509005	橡胶溶解剂油	kg	19.100	34.360	22.000	39.000
	022703002	白布	m	0.300	0.300	0.300	0.300
	272505001	丝绸绝缘布	m^2	0.500	0.500	0.500	0.500
	350219002	零星卡具	kg	2.450	4.900	2.450	4.900
	341113001	蒸汽	t	2.070	2.070	2.070	2.070
机械	991201010	轴流通风机 7.5kW	台班	1.610	2.310	1.610	2.310
	991003070	电动空气压缩机 $10m^3/min$	台班	0.130	0.130	0.130	0.130
	874614170	电火花检测仪	台班	0.130	0.190	0.200	0.300

工作内容：运料、配浆、下料削边、表面清洗、刷浆贴衬、火花检查、硫化、硬度检查。　**计量单位：**10m²

编　号				12-4-5	12-4-6	12-4-7	12-4-8
项　目				管道			
				*DN*100 以下		*DN*400 以下	
				一层	两层	一层	两层
名　称			单位	消　耗　量			
人工	000203000	综合二类工	工日	14.282	25.237	9.902	15.727
材料	020101015	硬橡胶板	m^2	(11.640)	(22.960)	(11.280)	(22.560)
	144135014	胶料 S1002	kg	(2.000)	(3.600)	(2.000)	(3.600)
	140509005	橡胶溶解剂油	kg	24.000	43.200	24.000	43.200
	022703002	白布	m	0.300	0.300	0.300	0.300
	272505001	丝绸绝缘布	m^2	0.500	0.500	0.500	0.500
	350219002	零星卡具	kg	2.450	4.900	2.450	4.900
	341113001	蒸汽	t	1.030	1.030	1.030	1.030
机械	991201010	轴流通风机 7.5kW	台班	1.610	2.310	1.610	2.310
	991003070	电动空气压缩机 $10m^3/min$	台班	0.130	0.130	0.130	0.130
	874614170	电火花检测仪	台班	0.250	0.300	0.250	0.300

工作内容：运料、配浆、下料削边、表面清洗、刷浆贴衬、火花检查、硫化、硬度检查。 **计量单位：**10m²

编号				12-4-9	12-4-10	12-4-11	12-4-12
项目				阀门			
				DN65 以下		DN125 以下	
				一层	两层	一层	两层
名称			单位	消耗量			
人工	000203000	综合二类工	工日	14.700	21.641	13.898	19.420
材料	020101015	硬橡胶板	m²	（10.830）	（21.640）	（11.220）	（22.440）
	144135014	胶料 S1002	kg	（2.000）	（3.600）	（2.000）	（3.600）
	140509005	橡胶溶解剂油	kg	24.000	43.200	24.000	39.000
	022703002	白布	m	0.300	0.300	0.300	0.300
	272505001	丝绸绝缘布	m²	0.500	0.500	0.500	0.500
	350219002	零星卡具	kg	2.450	4.900	2.450	4.900
	341113001	蒸汽	t	1.030	1.030	0.830	0.830
机械	991201010	轴流通风机 7.5kW	台班	1.610	2.310	1.610	2.310
	991003070	电动空气压缩机 10m³/min	台班	0.130	0.130	0.130	0.130
	874614170	电火花检测仪	台班	0.300	0.450	0.300	0.450

工作内容：运料、配浆、下料削边、表面清洗、刷浆贴衬、火花检查、硫化、硬度检查。 **计量单位：**10m²

编号				12-4-13	12-4-14	12-4-15	12-4-16
项目				弯头			
				DN125 以下		DN400 以下	
				一层	两层	一层	两层
名称			单位	消耗量			
人工	000203000	综合二类工	工日	14.112	19.447	10.197	15.309
材料	020101015	硬橡胶板	m²	（13.270）	（26.540）	（12.430）	（24.860）
	144135014	胶料 S1002	kg	（2.200）	（3.960）	（2.000）	（3.960）
	140509005	橡胶溶解剂油	kg	24.000	43.200	24.000	43.200
	022703002	白布	m	0.300	0.300	0.300	0.300
	272505001	丝绸绝缘布	m²	0.500	0.500	0.500	0.500
	350219002	零星卡具	kg	2.450	4.900	2.450	4.900
	341113001	蒸汽	t	0.830	0.830	0.830	0.830
机械	991201010	轴流通风机 7.5kW	台班	1.610	2.310	1.610	2.310
	991003070	电动空气压缩机 10m³/min	台班	0.130	0.130	0.130	0.130
	874614170	电火花检测仪	台班	0.300	0.450	0.300	0.450

工作内容：运料、配浆、下料削边、表面清洗、刷浆贴衬、火花检查、硫化、硬度检查。　**计量单位：**10m²

编　号				12-4-17	12-4-18	12-4-19	12-4-20
项　目				其他管件			
				*DN*100 以下		*DN*400 以下	
				一层	两层	一层	两层
名　称			单位	消　耗　量			
人工	000203000	综合二类工	工日	12.016	16.851	9.661	14.068
材料	020101015	硬橡胶板	m^2	（12.090）	（24.180）	（11.270）	（22.540）
	144135014	胶料 S1002	kg	（2.000）	（3.600）	（2.000）	（3.600）
	140509005	橡胶溶解剂油	kg	24.000	43.200	24.000	43.200
	022703002	白布	m	0.300	0.300	0.300	0.300
	272505001	丝绸绝缘布	m^2	0.500	0.500	0.500	0.500
	350219002	零星卡具	kg	2.450	4.900	2.450	4.900
	341113001	蒸汽	t	0.830	0.830	0.830	0.830
机械	991201010	轴流通风机 7.5kW	台班	1.610	2.310	1.610	2.310
	991003070	电动空气压缩机 $10m^3/min$	台班	0.130	0.130	0.130	0.130
	874614170	电火花检测仪	台班	0.300	0.450	0.300	0.450

二、热硫化软橡胶衬里

工作内容：运料、配浆、下料削边、表面清洗、刷浆贴衬、火花检查、硫化、硬度检查。　**计量单位：**10m²

编　号				12-4-21	12-4-22	12-4-23	12-4-24
项　目				设备		多孔板	
				一层	两层	一层	两层
名　称			单位	消　耗　量			
人工	000203000	综合二类工	工日	10.080	15.905	50.588	84.664
材料	020101014	软橡胶板	m^2	（11.210）	（22.540）	（11.210）	（22.420）
	144135013	胶料 4508#	kg	（1.320）	（2.370）	（1.320）	（2.370）
	140509005	橡胶溶解剂油	kg	31.680	56.880	31.680	56.880
	022703002	白布	m	0.300	0.300	0.300	0.300
	272505001	丝绸绝缘布	m^2	0.500	0.500	0.500	0.500
	350219002	零星卡具	kg	2.450	4.900	2.450	4.900
	341113001	蒸汽	t	2.070	2.070	2.070	2.070
机械	991201010	轴流通风机 7.5kW	台班	1.610	2.310	1.610	2.310
	991003070	电动空气压缩机 $10m^3/min$	台班	0.130	0.130	0.130	0.130
	874614170	电火花检测仪	台班	0.130	0.190	0.200	0.300

三、热硫化软、硬胶板复合衬里

工作内容：运料、配浆、下料削边、表面清洗、刷浆贴衬、火花检查、硫化、硬度检查。 计量单位：$10m^2$

编　号				12-4-25	12-4-26
项　目				设备	多孔板
				两层	
名　称			单位	消　耗　量	
人工	000203000	综合二类工	工日	15.905	84.664
材料	020101015	硬橡胶板	m^2	（11.220）	（11.780）
	020101014	软橡胶板	m^2	（11.220）	（11.780）
	144135014	胶料 S1002	kg	（2.000）	（2.000）
	144135013	胶料 4508#	kg	（1.040）	（1.040）
	140509005	橡胶溶解剂油	kg	44.300	44.300
	022703002	白布	m	0.300	0.300
	272505001	丝绸绝缘布	m^2	0.500	0.500
	350219002	零星卡具	kg	4.900	4.900
	341113001	蒸汽	t	2.070	2.070
机械	991201010	轴流通风机 7.5kW	台班	2.310	2.310
	991003070	电动空气压缩机 $10m^3/min$	台班	0.130	0.130
	874614170	电火花检测仪	台班	0.190	0.300

四、预硫化橡胶衬里

工作内容：运料、配浆、下料削边、表面清洗、胶板打毛、刷浆贴衬、粘贴盖胶板、电火花检测。

计量单位：$10m^2$

编　号				12-4-27	12-4-28
项　目				设备	
				一层	两层
名　称			单位	消　耗　量	
人工	000203000	综合二类工	工日	14.389	20.536
材料	020107001	预硫化橡胶板	m^2	（11.500）	（23.000）
	021107003	盖胶板	m^2	（0.700）	（0.700）
	130111003	底涂料	kg	（4.400）	（4.400）

续前

编　　号				12-4-27	12-4-28
项　　目				设备	
				一层	两层
名　　称			单位	消　耗　量	
材料	143513002	固化剂	kg	（1.400）	（2.800）
	143303002	酒精　工业用 99.5%	kg	0.800	1.600
	143163001	三氯乙烯	kg	2.000	4.000
	144135012	胶接剂 JHF	kg	14.000	28.000
	272505001	丝绸绝缘布	m^2	0.500	0.500
	140509001	溶剂	kg	1.360	2.700
	350219002	零星卡具	kg	1.087	2.073
机械	991201010	轴流通风机　7.5kW	台班	1.610	2.310
	990503010	电动单筒慢速卷扬机 10kN	台班	0.200	0.400
	874614170	电火花检测仪	台班	0.300	0.450

五、自然硫化橡胶衬里

工作内容：配浆、下料、削边、清洗刷浆、贴衬、火花和硬度检查。　　　　**计量单位：**$10m^2$

编　　号				12-4-29
项　　目				设备
				每一层
名　　称			单位	消　耗　量
人工	000203000	综合二类工	工日	10.723
材料	020107002	自然硫化橡胶板	m^2	（12.000）
	130111003	底涂料	kg	（3.200）
	144100003	胶粘剂	kg	（7.000）
	143327001	甲苯	kg	4.000
	022703002	白布	m	0.300
	272505001	丝绸绝缘布	m^2	0.500
	350219002	零星卡具	kg	1.450
机械	991201010	轴流通风机　7.5kW	台班	1.610
	990503010	电动单筒慢速卷扬机 10kN	台班	0.200
	874614170	电火花检测仪	台班	0.300

六、五米长管段热硫化橡胶衬里

工作内容： 运料、配浆、下料削边、表面清洗、卷筒、刷浆衬贴、法兰翻边。 **计量单位：** 10m²

编号				12-4-30	12-4-31
项目				*DN*100 以下	*DN*400 以下
				一层	
名称			单位	消耗量	
人工	000203000	综合二类工	工日	16.423	11.400
材料	020101015	硬橡胶板	m²	（11.640）	（11.280）
	144135014	胶料 S1002	kg	（2.000）	（2.000）
	140509005	橡胶溶解剂油	kg	24.000	24.000
	272505001	丝绸绝缘布	m²	1.250	1.250
	350219002	零星卡具	kg	1.450	1.450
	341113001	蒸汽	t	2.070	2.070
机械	991201010	轴流通风机 7.5kW	台班	0.930	0.360
	991003070	电动空气压缩机 10m³/min	台班	0.130	0.040
	874614170	电火花检测仪	台班	0.200	0.200
	990304004	汽车式起重机 8t	台班	—	0.080

七、软聚氯乙烯板衬里

工作内容： 运料、配料、下料刨边、表面清洗、刷胶贴衬、火花检查。 **计量单位：** 10m²

编号				12-4-32	12-4-33
项目				金属表面	
				一层	两层
名称			单位	消耗量	
人工	000203000	综合二类工	工日	8.270	15.789
材料	021101003	软聚氯乙烯板 $\delta 2\sim8$	m²	（11.100）	（22.200）
	142917001	二氯乙烷	kg	20.010	40.020
	142111001	过氯乙烯树脂	kg	2.990	5.980
	143315001	丙酮	kg	1.000	2.000
	031102005	铁砂布 $0^{\#}\sim2^{\#}$	张	7.000	21.000
	022703002	白布	m	0.300	0.300
机械	991201010	轴流通风机 7.5kW	台班	0.500	1.000

第五章

衬铅及搪铅工程

第五章

轻工控制及维修

说 明

一、本章内容包括金属设备、型钢等表面衬铅、搪铅工程。

二、铅板焊接采用氢 + 氧焰；搪铅采用氧 + 乙炔焰。

三、本章不包括金属表面除锈工作。

四、相关规定：

1. 设备衬铅不分直径大小，均按卧放在滚动器上施工，对已安装的设备进行挂衬铅板施工时，安装工程人工费乘以系数 1.39。

2. 设备、型钢表面衬铅层的厚度按 3mm 考虑，若铅层厚度大于 3mm 时，安装工程人工费乘以系数 1.29，材料费、机械费另行计算。

工程量计算规则

衬铅及搪铅工程应区分设备、型钢及支架、设备封头、搅拌叶轮轴类，应根据设计图示尺寸，分别以“$10m^2$”为计量单位计算。

一、衬　铅

工作内容： 搪钉法：运料、化制焊条、除锈搪钉、衬铅、氨气检查。
压板法：运料、清洗、化制焊条、下料、钻孔、铺铅板、把螺栓、包衬铅板、氨气检查。
螺栓固定法：运料、焊接螺栓、化制焊条、铺铅板、焊接及板、包焊螺栓、氨气检查。

计量单位： $10m^2$

编号				12-5-1	12-5-2	12-5-3	12-5-4
项目				设备			型钢及支架包铅
				压板法	螺栓固定法	搪钉法	
	名称		单位	消耗量			
人工	000203000	综合二类工	工日	19.314	17.314	30.677	40.910
材料	031301022	铅焊条（综合）	kg	（16.000）	（16.000）	（107.000）	（5.500）
	015301004	铅板 δ2.6～3	kg	（436.370）	（436.370）	（436.370）	（436.370）
	142909001	氧气	m^3	3.000	3.000	19.720	2.650
	142905001	氢气	m^3	3.400	3.400	3.400	3.000
	030113005	垫圈 M10～20	10个	13.000	6.000	—	—
	012900022	钢板 δ100×10	kg	187.200	—	—	—
	030103071	平头螺钉带螺母 M10×14	个	120.000	60.000	—	—
	341101001	水	m^3	0.100	0.100	0.200	0.100
	142903001	氨气	m^3	1.600	1.600	1.600	1.060
	143323001	酚酞	kg	0.020	0.020	0.020	0.020
	143303002	酒精 工业用 99.5%	kg	0.300	0.300	0.300	0.300
	341109001	焦炭	kg	6.400	6.400	42.800	6.400
	341111001	木柴	kg	1.600	1.600	10.700	1.600
	031101003	砂轮片 ϕ150	片	0.100	0.100	0.100	0.100
	031301008	低碳钢焊条 J422（综合）	kg	—	1.600	—	—
	142907002	乙炔气	kg	—	—	7.270	—
	015900001	锌 99.99%	kg	—	—	0.800	—
	016113001	锡	kg	—	—	22.200	—
	143101002	盐酸 31%合成	kg	—	—	1.100	—
	143171001	碳酸钠（纯碱）	kg	—	—	0.800	—
机械	991201010	轴流通风机 7.5kW	台班	0.900	0.900	0.900	0.900
	990304016	汽车式起重机 16t	台班	1.000	1.000	1.000	0.500
	991003040	电动空气压缩机 $3m^3/min$	台班	0.100	0.100	0.100	0.100
	990727040	磁力电钻	台班	2.500	—	—	—
	990904050	直流弧焊机 40kV · A	台班	—	0.600	—	—

二、搪　　铅

工作内容：运料、化制焊条、配焊药、焊铅、质量检查。　　计量单位：$10m^2$

编　　号				12-5-5	12-5-6
项　　目				设备封头、底	搅拌叶轮、轴类
				搪层$\delta=4$	
名　　称			单位	消　耗　量	
人工	000203000	综合二类工	工日	64.673	108.268
材料	031301019	铝焊条（综合）	kg	（683.050）	（683.050）
	142909001	氧气	m^3	304.200	304.200
	142907002	乙炔气	kg	132.600	132.600
	341101001	水	m^3	2.540	2.540
	143153001	氯化锌	kg	5.600	5.600
	143151001	氯化锡	kg	2.800	2.800
	143105001	硫酸 38%	kg	5.000	5.000
	341109001	焦炭	kg	273.220	273.220
	341111001	木柴	kg	68.310	68.310
	031101003	砂轮片 ϕ150	片	0.100	0.100
机械	991201010	轴流通风机 7.5kW	台班	15.300	1.310
	990304016	汽车式起重机 16t	台班	—	0.310

第六章

喷镀（涂）工程

第六章

深工（袋）缝制

说 明

一、本章内容包括金属管道、设备，型钢等表面气喷镀工程及塑料和水泥砂浆的喷涂工程。
二、本章不包括除锈工作内容。
三、施工工具：喷镀采用国产 SQP-1（高速、中速）气喷枪；喷塑采用塑料粉末喷枪。
四、喷镀和喷塑采用氧乙炔焰。

工程量计算规则

一、喷铝、喷钢、喷锌、喷铜、喷塑项目中应区分设备、管道，根据设计图示尺寸，分别以“$10m^2$”为计量单位。

二、喷铝、喷钢、喷锌、喷铜、喷塑项目中应区分型钢、零部件、一般钢结构，根据设计图示尺寸，分别以“100kg”为计量单位。

三、管道水泥砂浆内喷涂应根据设计图示尺寸，以“$10m^2$”为计量单位。

一、喷　铝

工作内容：运料、铝丝和钢丝脱脂、喷镀、质量检查。　　　**计量单位：**见表

编　号				12-6-1	12-6-2	12-6-3	12-6-4	12-6-5
项　目				设备		管道		型钢
				0.3mm	0.15mm	0.3mm	0.15mm	0.3mm
单　位				$10m^2$				100kg
名　称			单位	消　耗　量				
人工	000203000	综合二类工	工日	6.573	5.352	7.056	5.834	4.112
材料	014701001	铝丝 ϕ2	kg	（9.700）	（5.000）	（9.700）	（5.000）	（5.630）
	130111007	带锈底漆	kg	—	—	—	—	2.920
	142909001	氧气	m^3	6.800	3.600	6.800	3.600	3.280
	142907002	乙炔气	kg	5.040	3.570	5.040	3.570	3.480
	172725001	氧气胶管 ϕ8	m	1.000	1.000	1.000	1.000	0.580
	350219002	零星卡具	kg	6.811	6.485	6.811	6.485	4.581
机械	991201010	轴流通风机 7.5kW	台班	1.800	1.200	2.000	1.500	0.970
	991003070	电动空气压缩机 $10m^3/min$	台班	0.970	0.670	1.000	0.770	0.480

二、喷　钢

工作内容：运料、铝丝和钢丝脱脂、喷镀、质量检查。　　　**计量单位：**见表

编　号				12-6-6	12-6-7	12-6-8
项　目				设备		零部件
				0.1mm	0.05mm	0.1mm
单　位				$10m^2$		100kg
名　称			单位	消　耗　量		
人工	000203000	综合二类工	工日	11.489	9.207	6.682
材料	010301006	钢丝 ϕ2.0	kg	（10.000）	（6.000）	（5.800）
	142909001	氧气	m^3	7.000	4.000	4.060
	130111007	带锈底漆	kg	6.220	3.970	3.610
	172725001	氧气胶管 ϕ8	m	1.000	1.000	0.580
	350219002	零星卡具	kg	8.474	7.773	4.918
机械	991201010	轴流通风机 7.5kW	台班	1.800	1.440	2.000
	991003070	电动空气压缩机 $10m^3/min$	台班	0.900	0.720	1.000

三、喷　　锌

工作内容：运料、锌丝脱脂、喷镀、质量检查。　　　　计量单位：$10m^2$

编　号				12-6-9	12-6-10	12-6-11	12-6-12
项　目				设备			管道
				0.15mm	0.2mm	0.3mm	0.15mm
名　称			单位	消　耗　量			
人工	000203000	综合二类工	工日	5.209	6.030	6.450	5.691
材料	015903001	锌丝 ϕ2	kg	（13.200）	（17.100）	（25.600）	（13.200）
	142909001	氧气	m^3	3.400	4.500	6.700	3.400
	142907002	乙炔气	kg	2.500	3.300	5.000	2.500
	172725001	氧气胶管 ϕ8	m	1.000	1.000	1.000	1.000
	350219002	零星卡具	kg	1.771	1.716	1.688	1.771
机械	991201010	轴流通风机 7.5kW	台班	1.300	1.600	2.000	1.300
	991003070	电动空气压缩机 $10m^3/min$	台班	0.670	0.800	0.900	0.670

工作内容：运料、锌丝脱脂、喷镀、质量检查。　　　　计量单位：见表

编　号				12-6-13	12-6-14	12-6-15	12-6-16	12-6-17
项　目				管道		型钢（100kg）		
				0.2mm	0.3mm	0.15mm	0.2mm	0.3mm
单　位				$10m^2$		100kg		
名　称			单位	消　耗　量				
人工	000203000	综合二类工	工日	6.512	6.958	2.766	3.167	3.373
材料	015903001	锌丝 ϕ2	kg	（17.100）	（25.600）	（6.440）	（8.310）	（12.410）
	142909001	氧气	m^3	4.500	6.700	1.690	2.220	3.280
	130111007	带锈底漆	kg	3.300	5.000	1.260	1.640	2.510
	172725001	氧气胶管 ϕ8	m	1.000	1.000	0.480	0.480	0.480
	350219002	零星卡具	kg	2.031	2.006	1.047	1.006	1.002
机械	991201010	轴流通风机 7.5kW	台班	1.600	2.000	0.630	0.770	0.970
	991003070	电动空气压缩机 $10m^3/min$	台班	0.800	1.000	0.320	0.390	0.480

四、喷　铜

工作内容：运料、铜丝脱脂、喷镀、质量检查。　　**计量单位：**$10m^2$

编号				12-6-18	12-6-19	12-6-20	12-6-21
项目				设备			
				0.05mm	0.1mm	0.15mm	0.2mm
名称			单位	消耗量			
人工	000203000	综合二类工	工日	9.098	11.356	13.621	15.780
材料	014101002	铜丝 ϕ2～3	kg	（6.800）	（11.350）	（17.500）	（22.700）
	142909001	氧气	m^3	3.000	6.000	8.500	11.000
	142907002	乙炔气	kg	2.100	4.200	5.900	7.700
	172725001	氧气胶管 ϕ8	m	1.000	1.000	1.000	1.000
	350219002	零星卡具	kg	1.906	1.880	2.002	1.939
机械	991201010	轴流通风机 7.5kW	台班	1.500	1.800	2.000	2.500
	991003070	电动空气压缩机 $10m^3/min$	台班	0.800	0.900	1.200	1.600

工作内容：运料、铜丝脱脂、喷镀、质量检查。　　**计量单位：**100kg

编号				12-6-22	12-6-23	12-6-24	12-6-25
项目				型钢			
				0.05mm	0.1mm	0.15mm	0.2mm
名称			单位	消耗量			
人工	000203000	综合二类工	工日	5.318	6.405	7.261	8.384
材料	014101002	铜丝 ϕ2～3	kg	（3.280）	（5.480）	（8.450）	（10.960）
	142909001	氧气	m^3	1.450	2.900	4.110	5.310
	130111007	带锈底漆	kg	1.010	2.030	2.870	3.720
	172725001	氧气胶管 ϕ8	m	0.480	0.480	0.480	0.480
	350219002	零星卡具	kg	1.078	1.076	1.155	1.114
机械	991201010	轴流通风机 7.5kW	台班	0.720	1.870	0.970	1.210
	991003070	电动空气压缩机 $10m^3/min$	台班	0.390	0.430	0.580	0.770

五、喷　　塑

工作内容：运料、粉料烘干、预热、喷涂。　　　　计量单位：见表

编　　号				12-6-26	12-6-27	12-6-28
项　　目				设备	管道	一般钢结构（100kg）
单　　位				$10m^2$		100kg
名　　称			单位	消　耗　量		
人工	000203000	综合二类工	工日	1.339	1.454	0.793
材料	130301006	粉料 100～250 目	kg	（2.500）	（2.750）	（1.450）
	142909001	氧气	m^3	0.300	0.330	0.170
	142907002	乙炔气	kg	0.310	0.340	0.180
	350219002	零星卡具	kg	0.171	0.188	0.099
机械	991003040	电动空气压缩机 $3m^3/min$	台班	0.600	0.660	0.350
	990424020	塑料粉末喷枪	台班	0.600	0.660	0.350

六、水泥砂浆内喷涂

工作内容：水泥砂子筛选、搅拌水泥砂浆，运输砂浆，喷涂，养护。　　　　计量单位：$10m^2$

编　　号				12-6-29
项　　目				管道*DN*700~800
名　　称			单位	消　耗　量
人工	000203000	综合二类工	工日	1.369
材料	803700001	U 型膨胀剂	kg	1.060
	040100006	水泥 42.5	kg	100.060
	040300003	砂子	m^3	0.170
	020905002	塑料布	kg	0.280
	031507016	镀锌铁丝 ϕ2.5～1.4	kg	0.120
	023301001	草袋	条	16.000
	341101001	水	m^3	2.700
机械	990601030	涡浆式混凝土搅拌机 500L	台班	0.120
	990791010	PX-40A 型喷射清洗机 XIV	台班	0.180
	991229010	内涂机 TCL-I 型	台班	0.140
	990304004	汽车式起重机 8t	台班	0.040

第七章

块材衬里工程

说　明

一、本章内容包括各种金属设备的耐酸砖、板衬里工程。

二、本章不包括金属设备表面除锈工程。

三、相关说明：

1. 块材包括耐酸瓷砖、板、耐酸耐温砖、耐酸碳砖、浸渍石墨板等。

2. 树脂胶泥包括环氧树脂、酚醛树脂、呋喃树脂、环氧呋喃树脂、环氧酚醛树脂、乙烯基酯树脂胶泥、环氧煤焦油等胶泥。

3. 调制胶泥不分机械和手工操作，均执行本定额。

4. 衬砌砖、板按规范进行自然养护考虑，若采用其他方法养护，其工程量应按施工方案另行计算。

5. 立式设备人孔等部位发生旋拱施工时，每 $10m^2$ 增加木材 $0.01m^3$、铁钉 0.20kg。

工程量计算规则

一、硅质胶泥砌块材料按耐酸砖、耐酸板应根据设计图示数量按不同尺寸、厚度区分圆形、矩形、锥（塔）形，分别以“$10m^2$”为计量单位。

二、树脂胶泥砌块材料按耐酸砖、耐酸板应根据设计图示数量按不同尺寸、厚度区分圆形、矩形、锥（塔）形，分别以“$10m^2$”为计量单位。

三、硅质胶泥抹面应根据设计图示数量区分涂抹面的厚度，分别以“$10m^2$”为计量单位。

四、设备表面涂刮鳞片胶泥应区分金属面、布面，根据设计图示数量，分别以“$10m^2$”为计量单位。

五、衬石墨管接应根据设计图示数量区分管接尺寸，分别以“10 个”为计量单位。

六、设备铺衬耐高温板应根据铺衬面积，按设计图示数量，以“$10m^2$”为计量单位。

七、衬耐酸砖板衬砌体热处理应根据设计图示数量，按衬（砌）面积，以“$10m^2$”为计量单位。

一、硅质胶泥砌块材

1. 耐酸砖 230mm（230 × 113 × 65）

工作内容：运料、选砖板、洗砖板、调制胶泥、刷底胶浆、衬砌、养生、酸洗。　　**计量单位：**10m²

编　号				12-7-1	12-7-2	12-7-3
项　目				圆形	矩形	锥（塔）形
名　称			单位	消　耗　量		
人工	000203000	综合二类工	工日	29.860	26.568	35.005
材料	801507001	硅质耐酸胶泥	m^3	（0.300）	（0.300）	（0.300）
	132101002	耐酸瓷砖 230 × 113 × 65	块	（1333.000）	（1333.000）	（1333.000）
	143105001	硫酸 38%	kg	2.000	2.000	2.000
	341101001	水	m^3	1.620	1.620	1.620
	031101003	砂轮片 ϕ150	片	0.100	0.100	0.100
机械	990601010	涡浆式混凝土搅拌机 250L	台班	1.050	1.050	1.050
	991201010	轴流通风机 7.5kW	台班	0.600	0.600	0.600
	990503020	电动单筒慢速卷扬机 30kN	台班	0.500	0.500	0.500

2. 耐酸砖 113mm（230 × 113 × 65）

工作内容：运料、选砖板、洗砖板、调制胶泥、刷底胶浆、衬砌、养生、酸洗。　　**计量单位：**10m²

编　号				12-7-4	12-7-5	12-7-6
项　目				圆形	矩形	锥（塔）形
名　称			单位	消　耗　量		
人工	000203000	综合二类工	工日	17.741	15.398	19.344
材料	801507001	硅质耐酸胶泥	m^3	（0.166）	（0.166）	（0.166）
	132101002	耐酸瓷砖 230 × 113 × 65	块	（665.000）	（665.000）	（665.000）
	143105001	硫酸 38%	kg	2.000	2.000	2.000
	341101001	水	m^3	0.800	0.800	0.800
	031101003	砂轮片 ϕ150	片	0.100	0.100	0.100
机械	990601010	涡浆式混凝土搅拌机 250L	台班	0.600	0.600	0.600
	991201010	轴流通风机 7.5kW	台班	0.600	0.600	0.600
	990503020	电动单筒慢速卷扬机 30kN	台班	0.500	0.500	0.500

3. 耐酸砖 65mm（230×113×65）

工作内容：运料、选砖板、洗砖板、调制胶泥、刷底胶浆、衬砌、养生、酸洗。 **计量单位：**10m²

编号				12-7-7	12-7-8	12-7-9
项目				圆形	矩形	锥（塔）形
名称			单位	消耗量		
人工	000203000	综合二类工	工日	11.498	10.200	12.356
材料	801507001	硅质耐酸胶泥	m^3	（0.110）	（0.110）	（0.110）
	132101002	耐酸瓷砖 230×113×65	块	（389.000）	（389.000）	（389.000）
	143105001	硫酸 38%	kg	2.000	2.000	2.000
	341101001	水	m^3	0.500	0.500	0.500
	031101003	砂轮片 ϕ150	片	0.100	0.100	0.100
机械	990601010	涡浆式混凝土搅拌机 250L	台班	0.500	0.500	0.500
	991201010	轴流通风机 7.5kW	台班	0.600	0.600	0.600
	990503020	电动单筒慢速卷扬机 30kN	台班	0.500	0.500	0.500

4. 耐酸板 10mm（100×50×10）

工作内容：运料、选砖板、洗砖板、调制胶泥、刷底胶浆、衬砌、养生、酸洗。 **计量单位：**10m²

编号				12-7-10	12-7-11	12-7-12
项目				圆形	矩形	锥（塔）形
名称			单位	消耗量		
人工	000203000	综合二类工	工日	15.655	12.970	19.018
材料	801507001	硅质耐酸胶泥	m^3	（0.075）	（0.075）	（0.075）
	132103002	耐酸板 100×50×10	块	（1972.000）	（1972.000）	（1972.000）
	143105001	硫酸 38%	kg	2.000	2.000	2.000
	341101001	水	m^3	0.600	0.600	0.600
	031101003	砂轮片 ϕ150	片	0.100	0.100	0.100
机械	990601010	涡浆式混凝土搅拌机 250L	台班	0.500	0.500	0.500
	991201010	轴流通风机 7.5kW	台班	0.600	0.600	0.600
	990503020	电动单筒慢速卷扬机 30kN	台班	0.500	0.500	0.500

5. 耐酸板 10mm（100 × 75 × 10）

工作内容：运料、选砖板、洗砖板、调制胶泥、刷底胶浆、衬砌、养生、酸洗。　　**计量单位：**10m²

编　号				12-7-13	12-7-14	12-7-15
项　目				圆形	矩形	锥（塔）形
名　称			单位	消　耗　量		
人工	000203000	综合二类工	工日	15.570	13.176	18.885
材料	801507001	硅质耐酸胶泥	m^3	（0.072）	（0.072）	（0.072）
	132101007	耐酸砖（板）100 × 75 × 10	块	（1335.000）	（1335.000）	（1335.000）
	143105001	硫酸 38%	kg	2.000	2.000	2.000
	341101001	水	m^3	0.600	0.600	0.600
	031101003	砂轮片 ϕ150	片	0.100	0.100	0.100
机械	990601010	涡浆式混凝土搅拌机 250L	台班	0.500	0.500	0.500
	991201010	轴流通风机 7.5kW	台班	0.600	0.600	0.600
	990503020	电动单筒慢速卷扬机 30kN	台班	0.500	0.500	0.500

6. 耐酸板 10mm（75 × 75 × 10）

工作内容：运料、选砖板、洗砖板、调制胶泥、刷底胶浆、衬砌、养生、酸洗。　　**计量单位：**10m²

编　号				12-7-16	12-7-17	12-7-18
项　目				圆形	矩形	锥（塔）形
名　称			单位	消　耗　量		
人工	000203000	综合二类工	工日	15.402	13.065	18.774
材料	801507001	硅质耐酸胶泥	m^3	（0.073）	（0.073）	（0.073）
	132103001	耐酸板 75 × 75 × 10	块	（1767.000）	（1767.000）	（1767.000）
	143105001	硫酸 38%	kg	2.000	2.000	2.000
	341101001	水	m^3	0.600	0.600	0.600
	031101003	砂轮片 ϕ150	片	0.100	0.100	0.100
机械	990601010	涡浆式混凝土搅拌机 250L	台班	0.500	0.500	0.500
	991201010	轴流通风机 7.5kW	台班	0.600	0.600	0.600
	990503020	电动单筒慢速卷扬机 30kN	台班	0.500	0.500	0.500

7. 耐酸板 10mm（100×100×10）

工作内容：运料、选砖板、洗砖板、调制胶泥、刷底胶浆、衬砌、养生、酸洗。 **计量单位：**10m²

编号				12-7-19	12-7-20	12-7-21
项目				圆形	矩形	锥（塔）形
名称			单位	消耗量		
人工	000203000	综合二类工	工日	15.192	12.835	17.939
材料	801507001	硅质耐酸胶泥	m³	（0.071）	（0.071）	（0.071）
	132103008	耐酸板 100×100×10	块	（1010.000）	（1010.000）	（1010.000）
	143105001	硫酸 38%	kg	2.000	2.000	2.000
	341101001	水	m³	0.600	0.600	0.600
	031101003	砂轮片 φ150	片	0.100	0.100	0.100
机械	990601010	涡浆式混凝土搅拌机 250L	台班	0.500	0.500	0.500
	991201010	轴流通风机 7.5kW	台班	0.600	0.600	0.600
	990503020	电动单筒慢速卷扬机 30kN	台班	0.500	0.500	0.500

8. 耐酸板 10mm（150×70×10）

工作内容：运料、选砖板、洗砖板、调制胶泥、刷底胶浆、衬砌、养生、酸洗。 **计量单位：**10m²

编号				12-7-22	12-7-23	12-7-24
项目				圆形	矩形	锥（塔）形
名称			单位	消耗量		
人工	000203000	综合二类工	工日	13.592	11.624	16.118
材料	801507001	硅质耐酸胶泥	m³	（0.071）	（0.071）	（0.071）
	132103004	耐酸板 150×75×10	块	（959.000）	（959.000）	（959.000）
	143105001	硫酸 38%	kg	2.000	2.000	2.000
	341101001	水	m³	0.600	0.600	0.600
	031101003	砂轮片 φ150	片	0.100	0.100	0.100
机械	990601010	涡浆式混凝土搅拌机 250L	台班	0.500	0.500	0.500
	991201010	轴流通风机 7.5kW	台班	0.600	0.600	0.600
	990503020	电动单筒慢速卷扬机 30kN	台班	0.500	0.500	0.500

9. 耐酸板 10mm（150×75×10）

工作内容：运料、选砖板、洗砖板、调制胶泥、刷底胶浆、衬砌、养生、酸洗。　　**计量单位：**10m²

编　号				12-7-25	12-7-26	12-7-27
项　目				圆形	矩形	锥（塔）形
名　称			单位	消　耗　量		
人工	000203000	综合二类工	工日	13.233	11.267	15.761
材料	801507001	硅质耐酸胶泥	m^3	（0.071）	（0.071）	（0.071）
	132103004	耐酸板 150×75×10	块	（898.000）	（898.000）	（898.000）
	143105001	硫酸 38%	kg	2.000	2.000	2.000
	341101001	水	m^3	0.600	0.600	0.600
	031101003	砂轮片 $\phi150$	片	0.100	0.100	0.100
机械	990601010	涡浆式混凝土搅拌机 250L	台班	0.500	0.500	0.500
	991201010	轴流通风机 7.5kW	台班	0.600	0.600	0.600
	990503020	电动单筒慢速卷扬机 30kN	台班	0.500	0.500	0.500

10. 耐酸板 15mm（150×75×15）

工作内容：运料、选砖板、洗砖板、调制胶泥、刷底胶浆、衬砌、养生、酸洗。　　**计量单位：**10m²

编　号				12-7-28	12-7-29	12-7-30
项　目				圆形	矩形	锥（塔）形
名　称			单位	消　耗　量		
人工	000203000	综合二类工	工日	13.256	11.292	15.785
材料	801507001	硅质耐酸胶泥	m^3	（0.075）	（0.075）	（0.075）
	132103005	耐酸板 150×75×15	块	（898.000）	（898.000）	（898.000）
	143105001	硫酸 38%	kg	2.000	2.000	2.000
	341101001	水	m^3	0.600	0.600	0.600
	031101003	砂轮片 $\phi150$	片	0.100	0.100	0.100
机械	990601010	涡浆式混凝土搅拌机 250L	台班	0.500	0.500	0.500
	991201010	轴流通风机 7.5kW	台班	0.600	0.600	0.600
	990503020	电动单筒慢速卷扬机 30kN	台班	0.500	0.500	0.500

11. 耐酸板 20mm（150×75×20）

工作内容：运料、选砖板、洗砖板、调制胶泥、刷底胶浆、衬砌、养生、酸洗。 **计量单位：**10m²

编号				12-7-31	12-7-32	12-7-33
项目				圆形	矩形	锥（塔）形
名称			单位	消耗量		
人工	000203000	综合二类工	工日	13.233	11.350	15.839
材料	801507001	硅质耐酸胶泥	m^3	（0.078）	（0.078）	（0.078）
	132103006	耐酸板 150×75×20	块	（898.000）	（898.000）	（898.000）
	143105001	硫酸 38%	kg	2.000	2.000	2.000
	341101001	水	m^3	0.600	0.600	0.600
	031101003	砂轮片 $\phi150$	片	0.100	0.100	0.100
机械	990601010	涡浆式混凝土搅拌机 250L	台班	0.500	0.500	0.500
	991201010	轴流通风机 7.5kW	台班	0.600	0.600	0.600
	990503020	电动单筒慢速卷扬机 30kN	台班	0.500	0.500	0.500

12. 耐酸板 25mm（150×75×25）

工作内容：运料、选砖板、洗砖板、调制胶泥、刷底胶浆、衬砌、养生、酸洗。 **计量单位：**10m²

编号				12-7-34	12-7-35	12-7-36
项目				圆形	矩形	锥（塔）形
名称			单位	消耗量		
人工	000203000	综合二类工	工日	13.359	11.392	15.888
材料	801507001	硅质耐酸胶泥	m^3	（0.080）	（0.080）	（0.080）
	132103007	耐酸板 150×75×25	块	（898.000）	（898.000）	（898.000）
	143105001	硫酸 38%	kg	2.000	2.000	2.000
	341101001	水	m^3	0.600	0.600	0.600
	031101003	砂轮片 $\phi150$	片	0.100	0.100	0.100
机械	990601010	涡浆式混凝土搅拌机 250L	台班	0.500	0.500	0.500
	991201010	轴流通风机 7.5kW	台班	0.600	0.600	0.600
	990503020	电动单筒慢速卷扬机 30kN	台班	0.500	0.500	0.500

13. 耐酸板 20mm（180×90×20）

工作内容：运料、选砖板、洗砖板、调制胶泥、刷底胶浆、衬砌、养生、酸洗。 **计量单位：**10m²

编号				12-7-37	12-7-38	12-7-39
项目				圆形	矩形	锥（塔）形
名称			单位	消耗量		
人工	000203000	综合二类工	工日	11.700	9.577	14.037
材料	801507001	硅质耐酸胶泥	m^3	（0.075）	（0.075）	（0.075）
	132103015	耐酸板 180×90×20	块	（625.000）	（625.000）	（625.000）
	143105001	硫酸 38%	kg	2.000	2.000	2.000
	341101001	水	m^3	0.600	0.600	0.600
	031101003	砂轮片 ϕ150	片	0.100	0.100	0.100
机械	990601010	涡浆式混凝土搅拌机 250L	台班	0.500	0.500	0.500
	991201010	轴流通风机 7.5kW	台班	0.600	0.600	0.600
	990503020	电动单筒慢速卷扬机 30kN	台班	0.500	0.500	0.500

14. 耐酸板 10mm（180×110×10）

工作内容：运料、选砖板、洗砖板、调制胶泥、刷底胶浆、衬砌、养生、酸洗。 **计量单位：**10m²

编号				12-7-40	12-7-41	12-7-42
项目				圆形	矩形	锥（塔）形
名称			单位	消耗量		
人工	000203000	综合二类工	工日	11.838	9.915	14.308
材料	801507001	硅质耐酸胶泥	m^3	（0.080）	（0.080）	（0.080）
	132103016	耐酸板 180×110×10	块	（515.000）	（515.000）	（515.000）
	143105001	硫酸 38%	kg	2.000	2.000	2.000
	341101001	水	m^3	0.600	0.600	0.600
	031101003	砂轮片 ϕ150	片	0.100	0.100	0.100
机械	990601010	涡浆式混凝土搅拌机 250L	台班	0.500	0.500	0.500
	991201010	轴流通风机 7.5kW	台班	0.600	0.600	0.600
	990503020	电动单筒慢速卷扬机 30kN	台班	0.500	0.500	0.500

15. 耐酸板 15mm（180 × 110 × 15）

工作内容：运料、选砖板、洗砖板、调制胶泥、刷底胶浆、衬砌、养生、酸洗。 **计量单位：**10m²

编号				12-7-43	12-7-44	12-7-45
项目				圆形	矩形	锥（塔）形
名称			单位	消耗量		
人工	000203000	综合二类工	工日	11.859	9.939	14.333
材料	801507001	硅质耐酸胶泥	m^3	（0.073）	（0.073）	（0.073）
	132103017	耐酸板 180 × 110 × 15	块	（515.000）	（515.000）	（515.000）
	143105001	硫酸 38%	kg	2.000	2.000	2.000
	341101001	水	m^3	0.600	0.600	0.600
	031101003	砂轮片 ϕ150	片	0.100	0.100	0.100
机械	990601010	涡浆式混凝土搅拌机 250L	台班	0.500	0.500	0.500
	991201010	轴流通风机 7.5kW	台班	0.600	0.600	0.600
	990503020	电动单筒慢速卷扬机 30kN	台班	0.500	0.500	0.500

16. 耐酸板 20mm（180 × 110 × 20）

工作内容：运料、选砖板、洗砖板、调制胶泥、刷底胶浆、衬砌、养生、酸洗。 **计量单位：**10m²

编号				12-7-46	12-7-47	12-7-48
项目				圆形	矩形	锥（塔）形
名称			单位	消耗量		
人工	000203000	综合二类工	工日	11.894	9.961	14.366
材料	801507001	硅质耐酸胶泥	m^3	（0.075）	（0.075）	（0.075）
	132103018	耐酸板 180 × 110 × 20	块	（515.000）	（515.000）	（515.000）
	143105001	硫酸 38%	kg	2.000	2.000	2.000
	341101001	水	m^3	0.600	0.600	0.600
	031101003	砂轮片 ϕ150	片	0.100	0.100	0.100
机械	990601010	涡浆式混凝土搅拌机 250L	台班	0.500	0.500	0.500
	991201010	轴流通风机 7.5kW	台班	0.600	0.600	0.600
	990503020	电动单筒慢速卷扬机 30kN	台班	0.500	0.500	0.500

17. 耐酸板 25mm（180 × 110 × 25）

工作内容：运料、选砖板、洗砖板、调制胶泥、刷底胶浆、衬砌、养生、酸洗。 **计量单位：**10m²

编号				12-7-49	12-7-50	12-7-51
项目				圆形	矩形	锥（塔）形
名称			单位	消耗量		
人工	000203000	综合二类工	工日	11.952	10.018	14.424
材料	801507001	硅质耐酸胶泥	m^3	（0.078）	（0.078）	（0.078）
	132103019	耐酸板 180 × 110 × 25	块	（515.000）	（515.000）	（515.000）
	143105001	硫酸 38%	kg	2.000	2.000	2.000
	341101001	水	m^3	0.600	0.600	0.600
	031101003	砂轮片 ϕ150	片	0.100	0.100	0.100
机械	990601010	涡浆式混凝土搅拌机 250L	台班	0.500	0.500	0.500
	991201010	轴流通风机 7.5kW	台班	0.600	0.600	0.600
	990503020	电动单筒慢速卷扬机 30kN	台班	0.500	0.500	0.500

18. 耐酸板 30mm（180 × 110 × 30）

工作内容：运料、选砖板、洗砖板、调制胶泥、刷底胶浆、衬砌、养生、酸洗。 **计量单位：**10m²

编号				12-7-52	12-7-53	12-7-54
项目				圆形	矩形	锥（塔）形
名称			单位	消耗量		
人工	000203000	综合二类工	工日	12.009	10.091	14.482
材料	801507001	硅质耐酸胶泥	m^3	（0.080）	（0.080）	（0.080）
	132103020	耐酸板 180 × 110 × 30	块	（515.000）	（515.000）	（515.000）
	143105001	硫酸 38%	kg	2.000	2.000	2.000
	341101001	水	m^3	0.600	0.600	0.600
	031101003	砂轮片 ϕ150	片	0.100	0.100	0.100
机械	990601010	涡浆式混凝土搅拌机 250L	台班	0.500	0.500	0.500
	991201010	轴流通风机 7.5kW	台班	0.600	0.600	0.600
	990503020	电动单筒慢速卷扬机 30kN	台班	0.500	0.500	0.500

19. 耐酸板 35mm（180 × 110 × 35）

工作内容：运料、选砖板、洗砖板、调制胶泥、刷底胶浆、衬砌、养生、酸洗。 **计量单位：**10m²

编号				12-7-55	12-7-56	12-7-57
项目				圆形	矩形	锥（塔）形
名称			单位	消耗量		
人工	000203000	综合二类工	工日	12.043	10.124	14.517
材料	801507001	硅质耐酸胶泥	m^3	（0.101）	（0.101）	（0.101）
	132103021	耐酸板 180 × 110 × 35	块	（515.000）	（515.000）	（515.000）
	143105001	硫酸 38%	kg	2.000	2.000	2.000
	341101001	水	m^3	0.600	0.600	0.600
	031101003	砂轮片 ϕ150	片	0.100	0.100	0.100
机械	990601010	涡浆式混凝土搅拌机 250L	台班	0.500	0.500	0.500
	991201010	轴流通风机 7.5kW	台班	0.600	0.600	0.600
	990503020	电动单筒慢速卷扬机 30kN	台班	0.500	0.500	0.500

20. 耐酸板 15mm（200 × 100 × 15）

工作内容：运料、选砖板、洗砖板、调制胶泥、刷底胶浆、衬砌、养生、酸洗。 **计量单位：**10m²

编号				12-7-58	12-7-59	12-7-60
项目				圆形	矩形	锥（塔）形
名称			单位	消耗量		
人工	000203000	综合二类工	工日	11.843	9.915	14.322
材料	801507001	硅质耐酸胶泥	m^3	（0.075）	（0.075）	（0.075）
	132103022	耐酸板 200 × 100 × 15	块	（508.000）	（508.000）	（508.000）
	143105001	硫酸 38%	kg	2.000	2.000	2.000
	341101001	水	m^3	0.600	0.600	0.600
	031101003	砂轮片 ϕ150	片	0.100	0.100	0.100
机械	990601010	涡浆式混凝土搅拌机 250L	台班	0.500	0.500	0.500
	991201010	轴流通风机 7.5kW	台班	0.600	0.600	0.600
	990503020	电动单筒慢速卷扬机 30kN	台班	0.500	0.500	0.500

21. 耐酸板 20mm（200 × 100 × 20）

工作内容：运料、选砖板、洗砖板、调制胶泥、刷底胶浆、衬砌、养生、酸洗。　　**计量单位：**10m²

编　号				12-7-61	12-7-62	12-7-63
项　目				圆形	矩形	锥（塔）形
名　称			单位	消　耗　量		
人工	000203000	综合二类工	工日	11.877	9.950	14.361
材料	801507001	硅质耐酸胶泥	m^3	（0.075）	（0.075）	（0.075）
	132103023	耐酸板 200 × 100 × 20	块	（508.000）	（508.000）	（508.000）
	143105001	硫酸 38%	kg	2.000	2.000	2.000
	341101001	水	m^3	0.600	0.600	0.600
	031101003	砂轮片 ϕ150	片	0.100	0.100	0.100
机械	990601010	涡浆式混凝土搅拌机 250L	台班	0.500	0.500	0.500
	991201010	轴流通风机 7.5kW	台班	0.600	0.600	0.600
	990503020	电动单筒慢速卷扬机 30kN	台班	0.500	0.500	0.500

22. 耐酸板 25mm（200 × 100 × 25）

工作内容：运料、选砖板、洗砖板、调制胶泥、刷底胶浆、衬砌、养生、酸洗。　　**计量单位：**10m²

编　号				12-7-64	12-7-65	12-7-66
项　目				圆形	矩形	锥（塔）形
名　称			单位	消　耗　量		
人工	000203000	综合二类工	工日	11.935	10.008	14.417
材料	801507001	硅质耐酸胶泥	m^3	（0.076）	（0.076）	（0.076）
	132103024	耐酸板 200 × 100 × 25	块	（508.000）	（508.000）	（508.000）
	143105001	硫酸 38%	kg	2.000	2.000	2.000
	341101001	水	m^3	0.600	0.600	0.600
	031101003	砂轮片 ϕ150	片	0.100	0.100	0.100
机械	990601010	涡浆式混凝土搅拌机 250L	台班	0.500	0.500	0.500
	991201010	轴流通风机 7.5kW	台班	0.600	0.600	0.600
	990503020	电动单筒慢速卷扬机 30kN	台班	0.500	0.500	0.500

23. 耐酸板 30mm（200 × 100 × 30）

工作内容：运料、选砖板、洗砖板、调制胶泥、刷底胶浆、衬砌、养生、酸洗。 **计量单位：**10m²

编号				12-7-67	12-7-68	12-7-69
项目				圆形	矩形	锥（塔）形
名称			单位	消耗量		
人工	000203000	综合二类工	工日	11.993	10.063	14.472
材料	801507001	硅质耐酸胶泥	m^3	（0.080）	（0.080）	（0.080）
	132103025	耐酸板 200 × 100 × 30	块	（508.000）	（508.000）	（508.000）
	143105001	硫酸 38%	kg	2.000	2.000	2.000
	341101001	水	m^3	0.600	0.600	0.600
	031101003	砂轮片 ϕ150	片	0.100	0.100	0.100
机械	990601010	涡浆式混凝土搅拌机 250L	台班	0.500	0.500	0.500
	991201010	轴流通风机 7.5kW	台班	0.600	0.600	0.600
	990503020	电动单筒慢速卷扬机 30kN	台班	0.500	0.500	0.500

24. 耐酸板 15mm（150 × 150 × 15）

工作内容：运料、选砖板、洗砖板、调制胶泥、刷底胶浆、衬砌、养生、酸洗。 **计量单位：**10m²

编号				12-7-70	12-7-71	12-7-72
项目				圆形	矩形	锥（塔）形
名称			单位	消耗量		
人工	000203000	综合二类工	工日	11.582	9.637	14.168
材料	801507001	硅质耐酸胶泥	m^3	（0.073）	（0.073）	（0.073）
	132103009	耐酸板 150 × 150 × 15	块	（455.000）	（455.000）	（455.000）
	143105001	硫酸 38%	kg	2.000	2.000	2.000
	341101001	水	m^3	0.600	0.600	0.600
	031101003	砂轮片 ϕ150	片	0.100	0.100	0.100
机械	990601010	涡浆式混凝土搅拌机 250L	台班	0.500	0.500	0.500
	991201010	轴流通风机 7.5kW	台班	0.600	0.600	0.600
	990503020	电动单筒慢速卷扬机 30kN	台班	0.500	0.500	0.500

25. 耐酸板 20mm（150×150×20）

工作内容：运料、选砖板、洗砖板、调制胶泥、刷底胶浆、衬砌、养生、酸洗。　　**计量单位：**10m²

编　号				12-7-73	12-7-74	12-7-75
项　目				圆形	矩形	锥（塔）形
名　称			单位	消　耗　量		
人工	000203000	综合二类工	工日	11.639	9.696	14.226
材料	801507001	硅质耐酸胶泥	m^3	(0.075)	(0.075)	(0.075)
	132103010	耐酸板 150×150×20	块	(455.000)	(455.000)	(455.000)
	143105001	硫酸 38%	kg	2.000	2.000	2.000
	341101001	水	m^3	0.600	0.600	0.600
	031101003	砂轮片 $\phi150$	片	0.100	0.100	0.100
机械	990601010	涡浆式混凝土搅拌机 250L	台班	0.500	0.500	0.500
	991201010	轴流通风机 7.5kW	台班	0.600	0.600	0.600
	990503020	电动单筒慢速卷扬机 30kN	台班	0.500	0.500	0.500

26. 耐酸板 25mm（150×150×25）

工作内容：运料、选砖板、洗砖板、调制胶泥、刷底胶浆、衬砌、养生、酸洗。　　**计量单位：**10m²

编　号				12-7-76	12-7-77	12-7-78
项　目				圆形	矩形	锥（塔）形
名　称			单位	消　耗　量		
人工	000203000	综合二类工	工日	11.686	9.318	14.273
材料	801507001	硅质耐酸胶泥	m^3	(0.076)	(0.076)	(0.076)
	132103011	耐酸板 150×150×25	块	(455.000)	(455.000)	(455.000)
	143105001	硫酸 38%	kg	2.000	2.000	2.000
	341101001	水	m^3	0.600	0.600	0.600
	031101003	砂轮片 $\phi150$	片	0.100	0.100	0.100
机械	990601010	涡浆式混凝土搅拌机 250L	台班	0.500	0.500	0.500
	991201010	轴流通风机 7.5kW	台班	0.600	0.600	0.600
	990503020	电动单筒慢速卷扬机 30kN	台班	0.500	0.500	0.500

27. 耐酸板 30mm（150×150×30）

工作内容：运料、选砖板、洗砖板、调制胶泥、刷底胶浆、衬砌、养生、酸洗。 **计量单位：**10m²

编号				12-7-79	12-7-80	12-7-81
项目				圆形	矩形	锥（塔）形
名称			单位	消耗量		
人工	000203000	综合二类工	工日	11.756	10.643	14.341
材料	801507001	硅质耐酸胶泥	m^3	（0.080）	（0.080）	（0.080）
	132103013	耐酸板 150×150×30	块	（455.000）	（455.000）	（455.000）
	143105001	硫酸 38%	kg	2.000	2.000	2.000
	341101001	水	m^3	0.600	0.600	0.600
	031101003	砂轮片 ϕ150	片	0.100	0.100	0.100
机械	990601010	涡浆式混凝土搅拌机 250L	台班	0.500	0.500	0.500
	991201010	轴流通风机 7.5kW	台班	0.600	0.600	0.600
	990503020	电动单筒慢速卷扬机 30kN	台班	0.500	0.500	0.500

28. 耐酸板 35mm（150×150×35）

工作内容：运料、选砖板、洗砖板、调制胶泥、刷底胶浆、衬砌、养生、酸洗。 **计量单位：**10m²

编号				12-7-82	12-7-83	12-7-84
项目				圆形	矩形	锥（塔）形
名称			单位	消耗量		
人工	000203000	综合二类工	工日	11.814	9.870	14.400
材料	801507001	硅质耐酸胶泥	m^3	（0.105）	（0.105）	（0.105）
	132103014	耐酸板 150×150×35	块	（455.000）	（455.000）	（455.000）
	143105001	硫酸 38%	kg	2.000	2.000	2.000
	341101001	水	m^3	0.600	0.600	0.600
	031101003	砂轮片 ϕ150	片	0.100	0.100	0.100
机械	990601010	涡浆式混凝土搅拌机 250L	台班	0.500	0.500	0.500
	991201010	轴流通风机 7.5kW	台班	0.600	0.600	0.600
	990503020	电动单筒慢速卷扬机 30kN	台班	0.500	0.500	0.500

二、树脂胶泥砌块材

1. 耐酸砖 230mm（230 × 113 × 65）

工作内容： 运料、选砖板、洗砖板、调制胶泥、刷底胶浆、衬砌、养生。　　**计量单位：** 10m^2

编　号				12-7-85	12-7-86	12-7-87
项　目				圆形	矩形	锥（塔）形
名　称			单位	消　耗　量		
人工	000203000	综合二类工	工日	30.667	27.276	35.973
材料	801507002	树脂耐酸胶泥	m^3	（0.290）	（0.290）	（0.290）
	132101002	耐酸瓷砖 230 × 113 × 65	块	（1333.000）	（1333.000）	（1333.000）
	341101001	水	m^3	1.620	1.620	1.620
	031101003	砂轮片 ϕ150	片	0.100	0.100	0.100
机械	990601010	涡浆式混凝土搅拌机 250L	台班	1.050	1.050	1.050
	991201010	轴流通风机 7.5kW	台班	0.600	0.600	0.600
	990503020	电动单筒慢速卷扬机 30kN	台班	0.500	0.500	0.500

2. 耐酸砖 113mm（230 × 113 × 65）

工作内容： 运料、选砖板、洗砖板、调制胶泥、刷底胶浆、衬砌、养生。　　**计量单位：** 10m^2

编　号				12-7-88	12-7-89	12-7-90
项　目				圆形	矩形	锥（塔）形
名　称			单位	消　耗　量		
人工	000203000	综合二类工	工日	17.841	15.591	19.577
材料	801507002	树脂耐酸胶泥	m^3	（0.155）	（0.155）	（0.155）
	132101002	耐酸瓷砖 230 × 113 × 65	块	（665.000）	（665.000）	（665.000）
	341101001	水	m^3	0.800	0.800	0.800
	031101003	砂轮片 ϕ150	片	0.100	0.100	0.100
机械	990601010	涡浆式混凝土搅拌机 250L	台班	0.600	0.600	0.600
	991201010	轴流通风机 7.5kW	台班	0.600	0.600	0.600
	990503020	电动单筒慢速卷扬机 30kN	台班	0.500	0.500	0.500

3. 耐酸砖 65mm（230 × 113 × 65）

工作内容：运料、选砖板、洗砖板、调制胶泥、刷底胶浆、衬砌、养生。 **计量单位：**10m²

编号				12-7-91	12-7-92	12-7-93
项目				圆形	矩形	锥（塔）形
名称			单位	消耗量		
人工	000203000	综合二类工	工日	11.530	10.170	12.417
材料	801507002	树脂耐酸胶泥	m^3	（0.110）	（0.110）	（0.110）
	132101002	耐酸瓷砖 230 × 113 × 65	块	（389.000）	（389.000）	（389.000）
	341101001	水	m^3	0.500	0.500	0.500
	031101003	砂轮片 ϕ150	片	0.100	0.100	0.100
机械	990601010	涡浆式混凝土搅拌机 250L	台班	0.500	0.500	0.500
	991201010	轴流通风机 7.5kW	台班	0.600	0.600	0.600
	990503020	电动单筒慢速卷扬机 30kN	台班	0.500	0.500	0.500

4. 耐酸板 10mm（100 × 50 × 10）

工作内容：运料、选砖板、洗砖板、调制胶泥、刷底胶浆、衬砌、养生。 **计量单位：**10m²

编号				12-7-94	12-7-95	12-7-96
项目				圆形	矩形	锥（塔）形
名称			单位	消耗量		
人工	000203000	综合二类工	工日	15.748	12.959	19.257
材料	801507002	树脂耐酸胶泥	m^3	（0.083）	（0.083）	（0.083）
	132103002	耐酸板 100 × 50 × 10	块	（1972.000）	（1972.000）	（1972.000）
	341101001	水	m^3	0.600	0.600	0.600
	031101003	砂轮片 ϕ150	片	0.100	0.100	0.100
机械	990601010	涡浆式混凝土搅拌机 250L	台班	0.500	0.500	0.500
	991201010	轴流通风机 7.5kW	台班	0.600	0.600	0.600
	990503020	电动单筒慢速卷扬机 30kN	台班	0.500	0.500	0.500

5. 耐酸板 10mm（100×75×10）

工作内容：运料、选砖板、洗砖板、调制胶泥、刷底胶浆、衬砌、养生。　　**计量单位：**10m²

编　号				12-7-97	12-7-98	12-7-99
项　目				圆形	矩形	锥（塔）形
名　称			单位	消　耗　量		
人工	000203000	综合二类工	工日	15.732	13.318	18.524
材料	801507002	树脂耐酸胶泥	m^3	（0.081）	（0.081）	（0.081）
	132101007	耐酸砖（板）100×75×10	块	（1335.000）	（1335.000）	（1335.000）
	341101001	水	m^3	0.600	0.600	0.600
	031101003	砂轮片 ϕ150	片	0.100	0.100	0.100
机械	990601010	涡浆式混凝土搅拌机 250L	台班	0.500	0.500	0.500
	991201010	轴流通风机 7.5kW	台班	0.600	0.600	0.600
	990503020	电动单筒慢速卷扬机 30kN	台班	0.500	0.500	0.500

6. 耐酸板 10mm（75×75×10）

工作内容：运料、选砖板、洗砖板、调制胶泥、刷底胶浆、衬砌、养生。　　**计量单位：**10m²

编　号				12-7-100	12-7-101	12-7-102
项　目				圆形	矩形	锥（塔）形
名　称			单位	消　耗　量		
人工	000203000	综合二类工	工日	15.635	13.072	19.006
材料	801507002	树脂耐酸胶泥	m^3	（0.082）	（0.082）	（0.082）
	132103001	耐酸板 75×75×10	块	（1767.000）	（1767.000）	（1767.000）
	341101001	水	m^3	0.600	0.600	0.600
	031101003	砂轮片 ϕ150	片	0.100	0.100	0.100
机械	990601010	涡浆式混凝土搅拌机 250L	台班	0.500	0.500	0.500
	991201010	轴流通风机 7.5kW	台班	0.600	0.600	0.600
	990503020	电动单筒慢速卷扬机 30kN	台班	0.500	0.500	0.500

7. 耐酸板 10mm（100 × 100 × 10）

工作内容： 运料、选砖板、洗砖板、调制胶泥、刷底胶浆、衬砌、养生。 **计量单位：** 10m²

编　号				12-7-103	12-7-104	12-7-105
项　目				圆形	矩形	锥（塔）形
名　称			单位	消　耗　量		
人工	000203000	综合二类工	工日	15.344	12.918	18.047
材料	801507002	树脂耐酸胶泥	m^3	（0.080）	（0.080）	（0.080）
	132103008	耐酸板 100 × 100 × 10	块	（1010.000）	（1010.000）	（1010.000）
	341101001	水	m^3	0.600	0.600	0.600
	031101003	砂轮片 $\phi150$	片	0.100	0.100	0.100
机械	990601010	涡浆式混凝土搅拌机 250L	台班	0.500	0.500	0.500
	991201010	轴流通风机 7.5kW	台班	0.600	0.600	0.600
	990503020	电动单筒慢速卷扬机 30kN	台班	0.500	0.500	0.500

8. 耐酸板 10mm（150 × 70 × 10）

工作内容： 运料、选砖板、洗砖板、调制胶泥、刷底胶浆、衬砌、养生。 **计量单位：** 10m²

编　号				12-7-106	12-7-107	12-7-108
项　目				圆形	矩形	锥（塔）形
名　称			单位	消　耗　量		
人工	000203000	综合二类工	工日	13.535	11.602	16.086
材料	801507002	树脂耐酸胶泥	m^3	（0.080）	（0.080）	（0.080）
	132103003	耐酸板 150 × 70 × 10	块	（959.000）	（959.000）	（959.000）
	341101001	水	m^3	0.600	0.600	0.600
	031101003	砂轮片 $\phi150$	片	0.100	0.100	0.100
机械	990601010	涡浆式混凝土搅拌机 250L	台班	0.500	0.500	0.500
	991201010	轴流通风机 7.5kW	台班	0.600	0.600	0.600
	990503020	电动单筒慢速卷扬机 30kN	台班	0.500	0.500	0.500

9. 耐酸板 10mm（150 × 75 × 10）

工作内容：运料、选砖板、洗砖板、调制胶泥、刷底胶浆、衬砌、养生。　　**计量单位**：$10m^2$

编　号				12-7-109	12-7-110	12-7-111
项　目				圆形	矩形	锥（塔）形
名　称			单位	消　耗　量		
人工	000203000	综合二类工	工日	13.183	11.250	16.232
材料	801507002	树脂耐酸胶泥	m^3	（0.080）	（0.080）	（0.080）
	132103004	耐酸板 150 × 75 × 10	块	（898.000）	（898.000）	（898.000）
	341101001	水	m^3	0.600	0.600	0.600
	031101003	砂轮片 ϕ150	片	0.100	0.100	0.100
机械	990601010	涡浆式混凝土搅拌机 250L	台班	0.500	0.500	0.500
	991201010	轴流通风机 7.5kW	台班	0.600	0.600	0.600
	990503020	电动单筒慢速卷扬机 30kN	台班	0.500	0.500	0.500

10. 耐酸板 15mm（150 × 75 × 15）

工作内容：运料、选砖板、洗砖板、调制胶泥、刷底胶浆、衬砌、养生。　　**计量单位**：$10m^2$

编　号				12-7-112	12-7-113	12-7-114
项　目				圆形	矩形	锥（塔）形
名　称			单位	消　耗　量		
人工	000203000	综合二类工	工日	13.207	11.272	15.835
材料	801507002	树脂耐酸胶泥	m^3	（0.083）	（0.083）	（0.083）
	132103005	耐酸板 150 × 75 × 15	块	（898.000）	（898.000）	（898.000）
	341101001	水	m^3	0.600	0.600	0.600
	031101003	砂轮片 ϕ150	片	0.100	0.100	0.100
机械	990601010	涡浆式混凝土搅拌机 250L	台班	0.500	0.500	0.500
	991201010	轴流通风机 7.5kW	台班	0.600	0.600	0.600
	990503020	电动单筒慢速卷扬机 30kN	台班	0.500	0.500	0.500

11. 耐酸板 20mm（150 × 75 × 20）

工作内容：运料、选砖板、洗砖板、调制胶泥、刷底胶浆、衬砌、养生。 **计量单位：**10m²

编号				12-7-115	12-7-116	12-7-117
项目				圆形	矩形	锥（塔）形
名称			单位	消耗量		
人工	000203000	综合二类工	工日	13.242	11.333	15.893
材料	801507002	树脂耐酸胶泥	m^3	（0.086）	（0.086）	（0.086）
	132103006	耐酸板 150 × 75 × 20	块	（898.000）	（898.000）	（898.000）
	341101001	水	m^3	0.600	0.600	0.600
	031101003	砂轮片 ϕ150	片	0.100	0.100	0.100
机械	990601010	涡浆式混凝土搅拌机 250L	台班	0.500	0.500	0.500
	991201010	轴流通风机 7.5kW	台班	0.600	0.600	0.600
	990503020	电动单筒慢速卷扬机 30kN	台班	0.500	0.500	0.500

12. 耐酸板 25mm（150 × 75 × 25）

工作内容：运料、选砖板、洗砖板、调制胶泥、刷底胶浆、衬砌、养生。 **计量单位：**10m²

编号				12-7-118	12-7-119	12-7-120
项目				圆形	矩形	锥（塔）形
名称			单位	消耗量		
人工	000203000	综合二类工	工日	13.308	11.380	16.023
材料	801507002	树脂耐酸胶泥	m^3	（0.089）	（0.089）	（0.089）
	132103007	耐酸板 150 × 75 × 25	块	（898.000）	（898.000）	（898.000）
	341101001	水	m^3	0.600	0.600	0.600
	031101003	砂轮片 ϕ150	片	0.100	0.100	0.100
机械	990601010	涡浆式混凝土搅拌机 250L	台班	0.500	0.500	0.500
	991201010	轴流通风机 7.5kW	台班	0.600	0.600	0.600
	990503020	电动单筒慢速卷扬机 30kN	台班	0.500	0.500	0.500

13. 耐酸板 20mm（180×90×20）

工作内容：运料、选砖板、洗砖板、调制胶泥、刷底胶浆、衬砌、养生。 **计量单位：**10m²

编号				12-7-121	12-7-122	12-7-123
项目				圆形	矩形	锥（塔）形
名称			单位	消耗量		
人工	000203000	综合二类工	工日	11.834	9.630	14.143
材料	801507002	树脂耐酸胶泥	m^3	（0.084）	（0.084）	（0.084）
	132103015	耐酸板 180×90×20	块	（625.000）	（625.000）	（625.000）
	341101001	水	m^3	0.600	0.600	0.600
	031101003	砂轮片 ϕ150	片	0.100	0.100	0.100
机械	990601010	涡浆式混凝土搅拌机 250L	台班	0.500	0.500	0.500
	991201010	轴流通风机 7.5kW	台班	0.600	0.600	0.600
	990503020	电动单筒慢速卷扬机 30kN	台班	0.500	0.500	0.500

14. 耐酸板 10mm（180×110×10）

工作内容：运料、选砖板、洗砖板、调制胶泥、刷底胶浆、衬砌、养生。 **计量单位：**10m²

编号				12-7-124	12-7-125	12-7-126
项目				圆形	矩形	锥（塔）形
名称			单位	消耗量		
人工	000203000	综合二类工	工日	11.880	9.782	14.522
材料	801507002	树脂耐酸胶泥	m^3	（0.088）	（0.088）	（0.088）
	132103016	耐酸板 180×110×10	块	（515.000）	（515.000）	（515.000）
	341101001	水	m^3	0.600	0.600	0.600
	031101003	砂轮片 ϕ150	片	0.100	0.100	0.100
机械	990601010	涡浆式混凝土搅拌机 250L	台班	0.500	0.500	0.500
	991201010	轴流通风机 7.5kW	台班	0.600	0.600	0.600
	990503020	电动单筒慢速卷扬机 30kN	台班	0.500	0.500	0.500

15. 耐酸板 15mm（180×110×15）

工作内容：运料、选砖板、洗砖板、调制胶泥、刷底胶浆、衬砌、养生。 **计量单位：**10m²

编号				12-7-127	12-7-128	12-7-129
项目				圆形	矩形	锥（塔）形
名称			单位	消耗量		
人工	000203000	综合二类工	工日	11.880	9.778	14.522
材料	801507002	树脂耐酸胶泥	m^3	（0.081）	（0.081）	（0.081）
	132103017	耐酸板 180×110×15	块	（515.000）	（515.000）	（515.000）
	341101001	水	m^3	0.600	0.600	0.600
	031101003	砂轮片 ϕ150	片	0.100	0.100	0.100
机械	990601010	涡浆式混凝土搅拌机 250L	台班	0.500	0.500	0.500
	991201010	轴流通风机 7.5kW	台班	0.600	0.600	0.600
	990503020	电动单筒慢速卷扬机 30kN	台班	0.500	0.500	0.500

16. 耐酸板 20mm（180×110×20）

工作内容：运料、选砖板、洗砖板、调制胶泥、刷底胶浆、衬砌、养生。 **计量单位：**10m²

编号				12-7-130	12-7-131	12-7-132
项目				圆形	矩形	锥（塔）形
名称			单位	消耗量		
人工	000203000	综合二类工	工日	11.941	9.832	14.578
材料	801507002	树脂耐酸胶泥	m^3	（0.083）	（0.083）	（0.083）
	132103018	耐酸板 180×110×20	块	（515.000）	（515.000）	（515.000）
	341101001	水	m^3	0.600	0.600	0.600
	031101003	砂轮片 ϕ150	片	0.100	0.100	0.100
机械	990601010	涡浆式混凝土搅拌机 250L	台班	0.500	0.500	0.500
	991201010	轴流通风机 7.5kW	台班	0.600	0.600	0.600
	990503020	电动单筒慢速卷扬机 30kN	台班	0.500	0.500	0.500

17. 耐酸板 25mm（180 × 110 × 25）

工作内容：运料、选砖板、洗砖板、调制胶泥、刷底胶浆、衬砌、养生。 **计量单位**：10m²

编号				12-7-133	12-7-134	12-7-135
项目				圆形	矩形	锥（塔）形
名称			单位	消耗量		
人工	000203000	综合二类工	工日	11.994	13.692	14.636
材料	801507002	树脂耐酸胶泥	m^3	（0.075）	（0.075）	（0.075）
	132103019	耐酸板 180 × 110 × 25	块	（515.000）	（515.000）	（515.000）
	341101001	水	m^3	0.600	0.600	0.600
	031101003	砂轮片 ϕ150	片	0.100	0.100	0.100
机械	990601010	涡浆式混凝土搅拌机 250L	台班	0.500	0.500	0.500
	991201010	轴流通风机 7.5kW	台班	0.600	0.600	0.600
	990503020	电动单筒慢速卷扬机 30kN	台班	0.500	0.500	0.500

18. 耐酸板 30mm（180 × 110 × 30）

工作内容：运料、选砖板、洗砖板、调制胶泥、刷底胶浆、衬砌、养生。 **计量单位**：10m²

编号				12-7-136	12-7-137	12-7-138
项目				圆形	矩形	锥（塔）形
名称			单位	消耗量		
人工	000203000	综合二类工	工日	12.053	9.948	14.694
材料	801507002	树脂耐酸胶泥	m^3	（0.088）	（0.088）	（0.088）
	132103020	耐酸板 180 × 110 × 30	块	（515.000）	（515.000）	（515.000）
	341101001	水	m^3	0.600	0.600	0.600
	031101003	砂轮片 ϕ150	片	0.100	0.100	0.100
机械	990601010	涡浆式混凝土搅拌机 250L	台班	0.500	0.500	0.500
	991201010	轴流通风机 7.5kW	台班	0.600	0.600	0.600
	990503020	电动单筒慢速卷扬机 30kN	台班	0.500	0.500	0.500

19. 耐酸板 35mm（180×110×35）

工作内容：运料、选砖板、洗砖板、调制胶泥、刷底胶浆、衬砌、养生。 **计量单位：**$10m^2$

编号				12-7-139	12-7-140	12-7-141
项目				圆形	矩形	锥（塔）形
名称			单位	消耗量		
人工	000203000	综合二类工	工日	12.087	9.982	14.728
材料	801507002	树脂耐酸胶泥	m^3	（0.092）	（0.092）	（0.092）
	132103021	耐酸板 180×110×35	块	（515.000）	（515.000）	（515.000）
	341101001	水	m^3	0.600	0.600	0.600
	031101003	砂轮片 ϕ150	片	0.100	0.100	0.100
机械	990601010	涡浆式混凝土搅拌机 250L	台班	0.500	0.500	0.500
	991201010	轴流通风机 7.5kW	台班	0.600	0.600	0.600
	990503020	电动单筒慢速卷扬机 30kN	台班	0.500	0.500	0.500

20. 耐酸板 15mm（200×100×15）

工作内容：运料、选砖板、洗砖板、调制胶泥、刷底胶浆、衬砌、养生。 **计量单位：**$10m^2$

编号				12-7-142	12-7-143	12-7-144
项目				圆形	矩形	锥（塔）形
名称			单位	消耗量		
人工	000203000	综合二类工	工日	11.879	10.191	14.538
材料	801507002	树脂耐酸胶泥	m^3	（0.081）	（0.081）	（0.081）
	132103017	耐酸板 180×110×15	块	（508.000）	（508.000）	（508.000）
	341101001	水	m^3	0.600	0.600	0.600
	031101003	砂轮片 ϕ150	片	0.100	0.100	0.100
机械	990601010	涡浆式混凝土搅拌机 250L	台班	0.500	0.500	0.500
	991201010	轴流通风机 7.5kW	台班	0.600	0.600	0.600
	990503020	电动单筒慢速卷扬机 30kN	台班	0.500	0.500	0.500

21. 耐酸板 20mm（200 × 100 × 20）

工作内容：运料、选砖板、洗砖板、调制胶泥、刷底胶浆、衬砌、养生。　　**计量单位：**10m²

编　号				12-7-145	12-7-146	12-7-147
项　目				圆形	矩形	锥（塔）形
名　称			单位	消　耗　量		
人工	000203000	综合二类工	工日	11.933	9.811	14.572
材料	801507002	树脂耐酸胶泥	m^3	（0.083）	（0.083）	（0.083）
	132103023	耐酸板 200 × 100 × 20	块	（508.000）	（508.000）	（508.000）
	341101001	水	m^3	0.600	0.600	0.600
	031101003	砂轮片 ϕ150	片	0.100	0.100	0.100
机械	990601010	涡浆式混凝土搅拌机 250L	台班	0.500	0.500	0.500
	991201010	轴流通风机 7.5kW	台班	0.600	0.600	0.600
	990503020	电动单筒慢速卷扬机 30kN	台班	0.500	0.500	0.500

22. 耐酸板 25mm（200 × 100 × 25）

工作内容：运料、选砖板、洗砖板、调制胶泥、刷底胶浆、衬砌、养生。　　**计量单位：**10m²

编　号				12-7-148	12-7-149	12-7-150
项　目				圆形	矩形	锥（塔）形
名　称			单位	消　耗　量		
人工	000203000	综合二类工	工日	12.197	9.870	14.626
材料	801507002	树脂耐酸胶泥	m^3	（0.086）	（0.086）	（0.082）
	132103024	耐酸板 200 × 100 × 25	块	（508.000）	（508.000）	（508.000）
	341101001	水	m^3	0.600	0.600	0.600
	031101003	砂轮片 ϕ150	片	0.100	0.100	0.100
机械	990601010	涡浆式混凝土搅拌机 250L	台班	0.500	0.500	0.500
	991201010	轴流通风机 7.5kW	台班	0.600	0.600	0.600
	990503020	电动单筒慢速卷扬机 30kN	台班	0.500	0.500	0.500

23. 耐酸板 30mm（200 × 100 × 30）

工作内容：运料、选砖板、洗砖板、调制胶泥、刷底胶浆、衬砌、养生。 **计量单位：**10m²

编 号				12-7-151	12-7-152	12-7-153
项 目				圆形	矩形	锥（塔）形
名 称			单位	消 耗 量		
人工	000203000	综合二类工	工日	12.463	9.929	14.685
材料	801507002	树脂耐酸胶泥	m³	（0.088）	（0.088）	（0.088）
	132103025	耐酸板 200 × 100 × 30	块	（508.000）	（508.000）	（508.000）
	341101001	水	m³	0.600	0.600	0.600
	031101003	砂轮片 ϕ150	片	0.100	0.100	0.100
机械	990601010	涡浆式混凝土搅拌机 250L	台班	0.500	0.500	0.500
	991201010	轴流通风机 7.5kW	台班	0.600	0.600	0.600
	990503020	电动单筒慢速卷扬机 30kN	台班	0.500	0.500	0.500

24. 耐酸板 15mm（150 × 150 × 15）

工作内容：运料、选砖板、洗砖板、调制胶泥、刷底胶浆、衬砌、养生。 **计量单位：**10m²

编 号				12-7-154	12-7-155	12-7-156
项 目				圆形	矩形	锥（塔）形
名 称			单位	消 耗 量		
人工	000203000	综合二类工	工日	11.578	9.528	14.241
材料	801507002	树脂耐酸胶泥	m³	（0.080）	（0.080）	（0.080）
	132103009	耐酸板 150 × 150 × 15	块	（455.000）	（455.000）	（455.000）
	341101001	水	m³	0.600	0.600	0.600
	031101003	砂轮片 ϕ150	片	0.100	0.100	0.100
机械	990601010	涡浆式混凝土搅拌机 250L	台班	0.500	0.500	0.500
	991201010	轴流通风机 7.5kW	台班	0.600	0.600	0.600
	990503020	电动单筒慢速卷扬机 30kN	台班	0.500	0.500	0.500

25. 耐酸板 20mm（150×150×20）

工作内容：运料、选砖板、洗砖板、调制胶泥、刷底胶浆、衬砌、养生。　　**计量单位**：$10m^2$

编　号				12-7-157	12-7-158	12-7-159
项　目				圆形	矩形	锥（塔）形
名　称			单位	消　耗　量		
人工	000203000	综合二类工	工日	11.635	9.587	14.297
材料	801507002	树脂耐酸胶泥	m^3	（0.082）	（0.082）	（0.082）
	132103010	耐酸板 150×150×20	块	（455.000）	（455.000）	（455.000）
	341101001	水	m^3	0.600	0.600	0.600
	031101003	砂轮片 ϕ150	片	0.100	0.100	0.100
机械	990601010	涡浆式混凝土搅拌机 250L	台班	0.500	0.500	0.500
	991201010	轴流通风机 7.5kW	台班	0.600	0.600	0.600
	990503020	电动单筒慢速卷扬机 30kN	台班	0.500	0.500	0.500

26. 耐酸板 25mm（150×150×25）

工作内容：运料、选砖板、洗砖板、调制胶泥、刷底胶浆、衬砌、养生。　　**计量单位**：$10m^2$

编　号				12-7-160	12-7-161	12-7-162
项　目				圆形	矩形	锥（塔）形
名　称			单位	消　耗　量		
人工	000203000	综合二类工	工日	11.686	9.628	14.339
材料	801507002	树脂耐酸胶泥	m^3	（0.084）	（0.084）	（0.084）
	132103011	耐酸板 150×150×25	块	（455.000）	（455.000）	（455.000）
	341101001	水	m^3	0.600	0.600	0.600
	031101003	砂轮片 ϕ150	片	0.100	0.100	0.100
机械	990601010	涡浆式混凝土搅拌机 250L	台班	0.500	0.500	0.500
	991201010	轴流通风机 7.5kW	台班	0.600	0.600	0.600
	990503020	电动单筒慢速卷扬机 30kN	台班	0.500	0.500	0.500

27. 耐酸板 30mm（150×150×30）

工作内容：运料、选砖板、洗砖板、调制胶泥、刷底胶浆、衬砌、养生。 **计量单位：**10m²

编号				12-7-163	12-7-164	12-7-165
项目				圆形	矩形	锥（塔）形
名称			单位	消耗量		
人工	000203000	综合二类工	工日	11.753	9.696	14.408
材料	801507002	树脂耐酸胶泥	m³	（0.086）	（0.086）	（0.086）
	132103013	耐酸板 150×150×30	块	（455.000）	（455.000）	（455.000）
	341101001	水	m³	0.600	0.600	0.600
	031101003	砂轮片 ϕ150	片	0.100	0.100	0.100
机械	990601010	涡浆式混凝土搅拌机 250L	台班	0.500	0.500	0.500
	991201010	轴流通风机 7.5kW	台班	0.600	0.600	0.600
	990503020	电动单筒慢速卷扬机 30kN	台班	0.500	0.500	0.500

28. 耐酸板 35mm（150×150×35）

工作内容：运料、选砖板、洗砖板、调制胶泥、刷底胶浆、衬砌、养生。 **计量单位：**10m²

编号				12-7-166	12-7-167	12-7-168
项目				圆形	矩形	锥（塔）形
名称			单位	消耗量		
人工	000203000	综合二类工	工日	11.811	9.754	14.468
材料	801507002	树脂耐酸胶泥	m³	（0.094）	（0.094）	（0.094）
	132103014	耐酸板 150×150×35	块	（455.000）	（455.000）	（455.000）
	341101001	水	m³	0.600	0.600	0.600
	031101003	砂轮片 ϕ150	片	0.100	0.100	0.100
机械	990601010	涡浆式混凝土搅拌机 250L	台班	0.500	0.500	0.500
	991201010	轴流通风机 7.5kW	台班	0.600	0.600	0.600
	990503020	电动单筒慢速卷扬机 30kN	台班	0.500	0.500	0.500

三、硅质胶泥抹面

工作内容：运料、清理基层、涂稀胶泥、调胶泥、分层抹平、酸洗、钩钉制作安装、挂网。**计量单位：**10m²

编号				12-7-169	12-7-170	12-7-171
项目				硅质胶泥抹面（mm 以内）		
				20	25	30
名称			单位	消耗量		
人工	000203000	综合二类工	工日	17.358	20.147	22.015
材料	801507001	硅质耐酸胶泥	m^3	（0.210）	（0.260）	（0.320）
	143105001	硫酸 38%	kg	3.000	3.000	3.000
	031505009	镀锌铁丝网 $\phi10\times10\times0.9$	m^2	12.000	12.000	12.000
	010901006	圆钢 ϕ6～8	kg	10.000	10.000	10.000
	031301008	低碳钢焊条 J422（综合）	kg	1.470	1.470	1.470
	341101001	水	m^3	1.000	1.000	1.000
机械	990601010	涡浆式混凝土搅拌机 250L	台班	1.000	1.000	1.000
	990901020	交流弧焊机 32kV·A	台班	2.700	2.700	2.700

四、表面涂刮鳞片胶泥

工作内容：运料、配制胶泥、涂刮。　　**计量单位：**10m²

编号				12-7-172	12-7-173
项目				设备	
				金属面	布面
名称			单位	消耗量	
人工	000203000	综合二类工	工日	9.870	8.967
材料	801513001	磷质胶泥	m^3	（0.024）	（0.120）
	092705004	碎布	kg	0.020	0.020
	031102005	铁砂布 $0^{\#}$～$2^{\#}$	张	4.000	5.000
机械	990601010	涡浆式混凝土搅拌机 250L	台班	1.600	1.100
	991201010	轴流通风机 7.5kW	台班	2.200	1.400
	990808010	真空泵 $204m^3/h$	台班	1.600	1.100

五、衬石墨管接

工作内容： 运料、调制胶泥、抹胶泥、衬石墨管接、缠石棉绳。 **计量单位：** 10 个

编 号				12-7-174	12-7-175
项 目				衬石墨管接直径（mm）	
				≤ 150	＞ 150
名 称			单位	消 耗 量	
人工	000203000	综合二类工	工日	1.826	1.994
材料	181625015	石墨管接	个	（10.100）	（10.100）
	801500002	胶泥	m^3	（0.010）	（0.010）
	020117003	耐酸橡胶板 δ3	kg	3.000	3.000
	341101001	水	m^3	0.600	0.600
机械	990601010	涡浆式混凝土搅拌机 250L	台班	0.100	0.100

六、铺衬耐高温隔板

工作内容： 运料、调制胶泥、刮涂、铺衬。 **计量单位：** $10m^2$

编 号				12-7-176
项 目				设备
名 称			单位	消 耗 量
人工	000203000	综合二类工	工日	3.685
材料	801500002	胶泥	m^3	（0.034）
	152321001	耐高温（隔热）板（毡）	$10m^2$	10.500
机械	990601010	涡浆式混凝土搅拌机 250L	台班	0.200
	991201010	轴流通风机 7.5kW	台班	0.500

七、耐酸砖板衬砌体热处理

工作内容：制作安装电炉、加热、记录、检查。　　**计量单位：**$10m^2$

编　　号				12-7-177
项　　目				热处理
名　　称			单位	消　耗　量
人工	000203000	综合二类工	工日	2.722
材料	273101001	电炉丝 220V 2000W	条	1.000
	280307005	铝芯橡皮绝缘电线 BLX-35mm² 双芯	m	3.500
	153105001	轻质耐火砖 230×113×65	块	2.000
	860110002	玻璃管温度计 0～200°C WNG-11	支	1.000

第八章

管道补口补伤工程

说 明

一、本章内容包括金属管道的补口补伤的防腐工程。

二、本章施工工序包括了补口补伤，不包括表面除锈工程。

三、管道补口补伤防腐涂料有环氧煤沥青涂料、氯磺化聚乙烯涂料、聚氨酯涂料、无机富锌涂料。

四、本章定额项目均采用手工操作。

五、管道补口每个口取定为：*DN*400mm 以下（含*DN*400mm）管道每个口补口长度为 400mm；*DN*400mm 以上管道每个口补口长度为 600mm。

工程量计算规则

一、管道补口补伤项目中环氧煤沥青普通防腐、加强级防腐、特加强级防腐应根据设计图示数量，区分防腐管道的不同公称直径，分别以“10个口”为计量单位。

二、管道补口补伤项目中氯磺化聚乙烯涂料、聚氨酯涂料应根据设计图示数量，按管道的不同公称直径，区分底涂层、中间涂层、面涂层，分别以“10个口”为计量单位。

三、管道补口补伤项目中无机富锌涂料应根据设计图示数量，按管道的不同公称直径，区分其涂层、遍数及种类，分别以“10个口”为计量单位。

一、环氧煤沥青普通防腐

工作内容：清除管口油污锈渍、管口烘烤、涂刷底涂料、涂刷面涂料。 **计量单位：**10 个口

编号				12-8-1	12-8-2	12-8-3	12-8-4	12-8-5
项目				管道公称直径（mm 以内）				
				100	200	300	400	500
名称			单位	消耗量				
人工	000203000	综合二类工	工日	0.204	0.376	0.554	0.722	1.142
材料	130103009	环氧煤沥青面漆	kg	（0.730）	（1.470）	（2.180）	（2.850）	（5.320）
	130111018	环氧煤沥青底漆	kg	（0.110）	（0.220）	（0.330）	（0.430）	（0.800）
	143513002	固化剂	kg	（0.070）	（0.150）	（0.220）	（0.290）	（0.530）
	143511002	稀释剂	kg	（0.090）	（0.180）	（0.270）	（0.360）	（0.660）
	140307001	煤油	kg	0.050	0.090	0.140	0.180	0.330
	340907001	毛刷	把	0.010	0.009	0.014	0.019	0.034

工作内容：清除管口油污锈渍、管口烘烤、涂刷底涂料、涂刷面涂料。 **计量单位：**10 个口

编号				12-8-6	12-8-7	12-8-8	12-8-9
项目				管道公称直径（mm 以内）			
				600	700	800	900
名称			单位	消耗量			
人工	000203000	综合二类工	工日	1.364	1.561	1.774	1.998
材料	130103009	环氧煤沥青面漆	kg	（6.330）	（7.240）	（8.240）	（9.250）
	130111018	环氧煤沥青底漆	kg	（0.950）	（1.090）	（1.240）	（1.390）
	143513002	固化剂	kg	（0.630）	（0.720）	（0.820）	（0.920）
	143511002	稀释剂	kg	（0.790）	（0.910）	（1.030）	（1.160）
	140307001	煤油	kg	0.400	0.450	0.520	0.580
	340907001	毛刷	把	0.041	0.046	0.054	0.060

二、环氧煤沥青加强级防腐

工作内容：清除管口油污锈渍、管口烘烤、涂刷底涂料、缠玻璃布、涂刷面涂料。 **计量单位：**10个口

编号				12-8-10	12-8-11	12-8-12	12-8-13	12-8-14
项目				管道公称直径（mm以内）				
				100	200	300	400	500
名称			单位	消耗量				
人工	000203000	综合二类工	工日	0.214	0.428	0.633	0.830	1.312
材料	130103009	环氧煤沥青面漆	kg	（1.090）	（2.200）	（3.260）	（4.280）	（7.980）
	130111018	环氧煤沥青底漆	kg	（0.110）	（0.220）	（0.330）	（0.430）	（0.800）
	143513002	固化剂	kg	（0.110）	（0.220）	（0.330）	（0.430）	（0.800）
	143511002	稀释剂	kg	（0.100）	（0.200）	（0.300）	（0.390）	（0.730）
	150702005	玻璃布 δ0.5	m²	（1.820）	（3.682）	（5.446）	（7.154）	（13.328）
	140307001	煤油	kg	0.050	0.090	0.140	0.180	0.330
	340907001	毛刷	把	0.140	0.282	0.418	0.549	1.022

工作内容：清除管口油污锈渍、管口烘烤、涂刷底涂料、缠玻璃布、涂刷面涂料。 **计量单位：**10个口

编号				12-8-15	12-8-16	12-8-17	12-8-18	12-8-19
项目				管道公称直径（mm以内）				
				600	700	800	900	1000
名称			单位	消耗量				
人工	000203000	综合二类工	工日	1.561	1.784	2.026	2.276	2.526
材料	130103009	环氧煤沥青面漆	kg	（9.500）	（10.860）	（12.370）	（13.870）	（15.370）
	130111018	环氧煤沥青底漆	kg	（0.950）	（1.090）	（1.240）	（1.390）	（1.540）
	143513002	固化剂	kg	（0.950）	（1.090）	（1.240）	（1.390）	（1.540）
	143511002	稀释剂	kg	（0.870）	（0.990）	（1.130）	（1.270）	（1.410）
	150702005	玻璃布 δ0.5	m²	（15.862）	（18.130）	（20.650）	（23.170）	（25.690）
	140307001	煤油	kg	0.400	0.450	0.520	0.580	0.640
	340907001	毛刷	把	1.217	1.391	1.585	1.778	1.971
机械	990303020	轮胎式起重机 16t	台班	—	—	—	—	0.350

工作内容：清除管口油污锈渍、管口烘烤、涂刷底涂料、缠玻璃布、涂刷面涂料。 **计量单位：**10 个口

编号				12-8-20	12-8-21	12-8-22	12-8-23	12-8-24
项目				管道公称直径（mm 以内）				
				1200	1400	1600	1800	2000
名称			单位	消耗量				
人工	000203000	综合二类工	工日	3.024	3.524	4.024	4.523	5.022
材料	130103009	环氧煤沥青面漆	kg	（18.370）	（21.370）	（24.370）	（27.370）	（30.370）
	130111018	环氧煤沥青底漆	kg	（1.840）	（2.140）	（2.440）	（2.740）	（3.040）
	143513002	固化剂	kg	（1.840）	（2.140）	（2.440）	（2.740）	（3.040）
	143511002	稀释剂	kg	（1.690）	（1.970）	（2.250）	（2.530）	（2.810）
	150702005	玻璃布 δ0.5	m^2	（30.730）	（35.770）	（40.810）	（45.850）	（50.890）
	140307001	煤油	kg	0.760	0.880	1.000	1.120	1.240
	340907001	毛刷	把	2.357	2.743	3.129	3.515	3.901
机械	990303020	轮胎式起重机 16t	台班	0.350	0.400	0.400	0.600	0.600

三、环氧煤沥青特加强级防腐

工作内容：清除管口油污锈渍、管口烘烤、涂刷底涂料、缠玻璃布、涂刷面涂料。 **计量单位：**10 个口

编号				12-8-25	12-8-26	12-8-27	12-8-28	12-8-29
项目				管道公称直径（mm 以内）				
				100	200	300	400	500
名称			单位	消耗量				
人工	000203000	综合二类工	工日	0.233	0.483	0.704	0.927	1.472
材料	130103009	环氧煤沥青面漆	kg	（1.270）	（2.570）	（3.810）	（4.990）	（9.310）
	130111018	环氧煤沥青底漆	kg	（0.110）	（0.220）	（0.330）	（0.430）	（0.800）
	143513002	固化剂	kg	（0.130）	（0.260）	（0.380）	（0.500）	（0.930）
	143511002	稀释剂	kg	（0.110）	（0.220）	（0.330）	（0.430）	（0.800）
	150702005	玻璃布 δ0.5	m^2	（3.640）	（7.350）	（10.906）	（14.294）	（26.656）
	140307001	煤油	kg	0.050	0.090	0.140	0.180	0.330
	340907001	毛刷	把	0.275	0.554	0.823	1.078	2.010

工作内容： 清除管口油污锈渍、管口烘烤、涂刷底涂料、缠玻璃布、涂刷面涂料。　　**计量单位：** 10个口

编号				12-8-30	12-8-31	12-8-32	12-8-33	12-8-34
项目				管道公称直径（mm以内）				
				600	700	800	900	1000
名称			单位	消耗量				
人工	000203000	综合二类工	工日	1.748	1.998	2.284	2.560	2.836
材料	130103009	环氧煤沥青面漆	kg	（11.080）	（12.670）	（14.430）	（16.190）	（17.950）
	130111018	环氧煤沥青底漆	kg	（0.950）	（1.090）	（1.240）	（1.390）	（1.540）
	143513002	固化剂	kg	（1.110）	（1.270）	（1.440）	（1.620）	（1.800）
	143511002	稀释剂	kg	（0.950）	（1.090）	（1.240）	（1.390）	（1.540）
	150702005	玻璃布 δ0.5	m^2	（31.738）	（36.274）	（41.314）	（46.354）	（51.394）
	140307001	煤油	kg	0.400	0.450	0.520	0.580	0.640
	340907001	毛刷	把	2.394	2.736	3.117	3.497	3.877
机械	990304016	汽车式起重机 16t	台班	—	—	—	—	0.400

工作内容： 清除管口油污锈渍、管口烘烤、涂刷底涂料、缠玻璃布、涂刷面涂料。　　**计量单位：** 10个口

编号				12-8-35	12-8-36	12-8-37	12-8-38	12-8-39
项目				管道公称直径（mm以内）				
				1200	1400	1600	1800	2000
名称			单位	消耗量				
人工	000203000	综合二类工	工日	3.390	3.942	4.496	5.048	5.602
材料	130103009	环氧煤沥青面漆	kg	（21.470）	（24.990）	（28.510）	（32.030）	（35.550）
	130111018	环氧煤沥青底漆	kg	（1.840）	（2.140）	（2.440）	（2.740）	（3.040）
	143513002	固化剂	kg	（2.160）	（2.520）	（2.880）	（3.240）	（3.600）
	143511002	稀释剂	kg	（1.840）	（2.140）	（2.440）	（2.740）	（3.040）
	150702005	玻璃布 δ0.5	m^2	（61.474）	（71.554）	（81.634）	（91.714）	（101.794）
	140307001	煤油	kg	0.760	0.880	1.000	1.120	1.240
	340907001	毛刷	把	4.637	5.397	6.157	6.917	7.677
机械	990304016	汽车式起重机 16t	台班	0.400	0.400	0.500	0.600	0.600

四、氯磺化聚乙烯涂料

工作内容： 运料、表面清洗、调配、涂刷。　　　　**计量单位：** 10 个口

编号				12-8-40	12-8-41	12-8-42	12-8-43
项目				管道公称直径 100mm 以内			
				底涂层	中间涂层		面涂层
				一遍		增一遍	一遍
名称			单位	消耗量			
人工	000203000	综合二类工	工日	0.170	0.142	0.142	0.126
材料	130507040	氯磺化聚乙烯底漆	kg	(0.330)	—	—	—
	130507044	氯磺化聚乙烯中间漆	kg	—	(0.290)	(0.270)	—
	130507042	氯磺化聚乙烯面漆	kg	—	—	—	(0.240)
	143511028	氯磺化聚乙烯稀释剂	kg	0.080	0.070	0.070	0.080
	340907001	毛刷	把	0.022	0.019	0.019	0.022
	092705004	碎布	kg	0.500	—	—	—

工作内容： 运料、表面清洗、调配、涂刷。　　　　**计量单位：** 10 个口

编号				12-8-44	12-8-45	12-8-46	12-8-47
项目				管道公称直径 200mm 以内			
				底涂层	中间涂层		面涂层
				一遍		增一遍	一遍
名称			单位	消耗量			
人工	000203000	综合二类工	工日	0.340	0.276	0.276	0.250
材料	130507040	氯磺化聚乙烯底漆	kg	(0.660)	—	—	—
	130507044	氯磺化聚乙烯中间漆	kg	—	(0.580)	(0.490)	—
	130507042	氯磺化聚乙烯面漆	kg	—	—	—	(0.490)
	143511028	氯磺化聚乙烯稀释剂	kg	0.160	0.150	0.150	0.160
	340907001	毛刷	把	0.043	0.040	0.040	0.043
	092705004	碎布	kg	0.500	—	—	—

工作内容：运料、表面清洗、调配、涂刷。 **计量单位：**10 个口

编号				12-8-48	12-8-49	12-8-50	12-8-51
项目				管道公称直径 300mm 以内			
				底涂层	中间涂层		面涂层
				一遍		增一遍	一遍
名称			单位	消耗量			
人工	000203000	综合二类工	工日	0.510	0.412	0.412	0.366
材料	130507040	氯磺化聚乙烯底漆	kg	（0.980）	—	—	—
	130507044	氯磺化聚乙烯中间漆	kg	—	（0.860）	（0.730）	—
	130507042	氯磺化聚乙烯面漆	kg	—	—	—	（0.730）
	143511028	氯磺化聚乙烯稀释剂	kg	0.230	0.220	0.220	0.230
	340907001	毛刷	把	0.062	0.059	0.059	0.062
	092705004	碎布	kg	0.500	—	—	—

工作内容：运料、表面清洗、调配、涂刷。 **计量单位：**10 个口

编号				12-8-52	12-8-53	12-8-54	12-8-55
项目				管道公称直径 400mm 以内			
				底涂层	中间涂层		面涂层
				一遍		增一遍	一遍
名称			单位	消耗量			
人工	000203000	综合二类工	工日	0.660	0.545	0.545	0.483
材料	130507040	氯磺化聚乙烯底漆	kg	（1.290）	—	—	—
	130507044	氯磺化聚乙烯中间漆	kg	—	（1.120）	（0.960）	—
	130507042	氯磺化聚乙烯面漆	kg	—	—	—	（0.960）
	143511028	氯磺化聚乙烯稀释剂	kg	0.300	0.290	0.290	0.300
	340907001	毛刷	把	0.081	0.078	0.078	0.081
	092705004	碎布	kg	0.500	—	—	—

工作内容：运料、表面清洗、调配、涂刷。　　　　**计量单位：**10 个口

编号				12-8-56	12-8-57	12-8-58	12-8-59
项目				管道公称直径 500mm 以内			
				底涂层	中间涂层		面涂层
				一遍		增一遍	一遍
名称			单位	消耗量			
人工	000203000	综合二类工	工日	1.240	1.017	1.017	0.900
材料	130507040	氯磺化聚乙烯底漆	kg	(2.410)	—	—	—
	130507044	氯磺化聚乙烯中间漆	kg	—	(2.090)	(1.780)	—
	130507042	氯磺化聚乙烯面漆	kg	—	—	—	(1.780)
	143511028	氯磺化聚乙烯稀释剂	kg	0.560	0.540	0.540	0.560
	340907001	毛刷	把	0.151	0.146	0.146	0.151
	092705004	碎布	kg	0.500	—	—	—

工作内容：运料、表面清洗、调配、涂刷。　　　　**计量单位：**10 个口

编号				12-8-60	12-8-61	12-8-62	12-8-63
项目				管道公称直径 600mm 以内			
				底涂层	中间涂层		面涂层
				一遍		增一遍	一遍
名称			单位	消耗量			
人工	000203000	综合二类工	工日	1.472	1.204	1.204	1.070
材料	130507040	氯磺化聚乙烯底漆	kg	(2.870)	—	—	—
	130507044	氯磺化聚乙烯中间漆	kg	—	(2.490)	(2.120)	—
	130507042	氯磺化聚乙烯面漆	kg	—	—	—	(2.120)
	143511028	氯磺化聚乙烯稀释剂	kg	0.670	0.650	0.650	0.670
	340907001	毛刷	把	0.181	0.176	0.176	0.181
	092705004	碎布	kg	0.500	—	—	—

工作内容：运料、表面清洗、调配、涂刷。 **计量单位**：10个口

编号				12-8-64	12-8-65	12-8-66	12-8-67
项目				管道公称直径 700mm 以内			
				底涂层	中间涂层		面涂层
				一遍		增一遍	一遍
名称			单位	消耗量			
人工	000203000	综合二类工	工日	1.686	1.383	1.383	1.222
材料	130507040	氯磺化聚乙烯底漆	kg	（3.280）	—	—	—
	130507044	氯磺化聚乙烯中间漆	kg	—	（2.850）	（2.420）	—
	130507042	氯磺化聚乙烯面漆	kg	—	—	—	（2.420）
	143511028	氯磺化聚乙烯稀释剂	kg	0.770	0.740	0.740	0.770
	340907001	毛刷	把	0.208	0.200	0.200	0.208
	092705004	碎布	kg	0.500	—	—	—

工作内容：运料、表面清洗、调配、涂刷。 **计量单位**：10个口

编号				12-8-68	12-8-69	12-8-70	12-8-71
项目				管道公称直径 800mm 以内			
				底涂层	中间涂层		面涂层
				一遍		增一遍	一遍
名称			单位	消耗量			
人工	000203000	综合二类工	工日	1.918	1.570	1.570	1.390
材料	130507040	氯磺化聚乙烯底漆	kg	（3.730）	—	—	—
	130507044	氯磺化聚乙烯中间漆	kg	—	（3.250）	（2.760）	—
	130507042	氯磺化聚乙烯面漆	kg	—	—	—	（2.760）
	143511028	氯磺化聚乙烯稀释剂	kg	0.880	0.840	0.840	0.880
	340907001	毛刷	把	0.238	0.227	0.227	0.238
	092705004	碎布	kg	0.500	—	—	—

工作内容：运料、表面清洗、调配、涂刷。 **计量单位**：10个口

编号				12-8-72	12-8-73	12-8-74	12-8-75
项目				管道公称直径900mm以内			
				底涂层	中间涂层		面涂层
				一遍		增一遍	一遍
名称			单位	消耗量			
人工	000203000	综合二类工	工日	2.149	1.758	1.758	1.570
材料	130507040	氯磺化聚乙烯底漆	kg	(4.190)	—	—	—
	130507044	氯磺化聚乙烯中间漆	kg	—	(3.640)	(3.100)	—
	130507042	氯磺化聚乙烯面漆	kg	—	—	—	(3.100)
	143511028	氯磺化聚乙烯稀释剂	kg	0.980	0.950	0.950	0.980
	340907001	毛刷	把	0.265	0.256	0.256	0.265

五、聚氨脂涂料

工作内容：运料、表面清洗、配制、嵌刮腻子、涂刷。 **计量单位**：10个口

编号				12-8-76	12-8-77	12-8-78	12-8-79	12-8-80
项目				管道公称直径100mm以内				
				底涂层		中间涂层		面涂层
				两遍	增一遍	一遍	增一遍	每一遍
名称			单位	消耗量				
人工	000203000	综合二类工	工日	0.205	0.126	0.098	0.098	0.098
材料	130111025	聚氨脂底漆	kg	(0.360)	(0.180)	—	—	—
	130113008	聚氨脂磁漆	kg	—	—	(0.140)	(0.110)	(0.220)
	143321001	二甲苯	kg	0.130	0.060	0.070	0.070	0.070
	140509002	溶剂汽油	kg	0.240	—	—	—	—
	092705004	碎布	kg	0.030	—	—	—	—
	031102005	铁砂布 0#～2#	张	0.030	0.020	0.020	0.020	—
	340907001	毛刷	把	0.045	0.009	0.010	0.010	0.010

工作内容：运料、表面清洗、配制、嵌刮腻子、涂刷。 **计量单位**：10个口

编号				12-8-81	12-8-82	12-8-83	12-8-84	12-8-85
项目				管道公称直径200mm以内				
				底涂层		中间涂层		面涂层
				两遍	增一遍	一遍	增一遍	每一遍
名称			单位	消耗量				
人工	000203000	综合二类工	工日	0.420	0.259	0.188	0.188	0.188
材料	130113008	聚氨酯磁漆	kg	—	—	(0.280)	(0.220)	(0.440)
	130111025	聚氨酯底漆	kg	(0.740)	(0.370)	—	—	—
	143321001	二甲苯	kg	0.260	0.130	0.140	0.140	0.140
	340907001	毛刷	把	0.091	0.019	0.021	0.021	0.020
	140509002	溶剂汽油	kg	0.480	—	—	—	—
	092705004	碎布	kg	0.060	—	—	—	—
	031102005	铁砂布 0#～2#	张	0.060	0.030	0.030	0.030	—

工作内容：运料、表面清洗、配制、嵌刮腻子、涂刷。 **计量单位**：10个口

编号				12-8-86	12-8-87	12-8-88	12-8-89	12-8-90
项目				管道公称直径300mm以内				
				底涂层		中间涂层		面涂层
				两遍	增一遍	一遍	增一遍	每一遍
名称			单位	消耗量				
人工	000203000	综合二类工	工日	0.616	0.384	0.276	0.276	0.276
材料	130113008	聚氨酯磁漆	kg	—	—	(0.420)	(0.320)	(0.660)
	130111025	聚氨酯底漆	kg	(1.090)	(0.550)	—	—	—
	143321001	二甲苯	kg	0.380	0.190	0.210	0.210	0.210
	031102005	铁砂布 0#～2#	张	0.090	0.050	0.050	0.050	—
	340907001	毛刷	把	0.134	0.028	0.031	0.031	0.029
	140509002	溶剂汽油	kg	0.710	—	—	—	—
	092705004	碎布	kg	0.090	—	—	—	—

工作内容：运料、表面清洗、配制、嵌刮腻子、涂刷。 计量单位：10 个口

编号				12-8-91	12-8-92	12-8-93	12-8-94	12-8-95
项目				管道公称直径 400mm 以内				
				底涂层		中间涂层		面涂层
				两遍	增一遍	一遍	增一遍	每一遍
名称			单位	消耗量				
人工	000203000	综合二类工	工日	0.804	0.490	0.366	0.366	0.366
材料	130113008	聚氨酯磁漆	kg	—	—	(0.540)	(0.420)	(0.860)
	130111025	聚氨酯底漆	kg	(1.430)	(0.720)	—	—	—
	143321001	二甲苯	kg	0.500	0.250	0.280	0.280	0.270
	031102005	铁砂布 0#～2#	张	0.120	0.060	0.060	0.060	—
	340907001	毛刷	把	0.174	0.037	0.041	0.041	0.038
	140509002	溶剂汽油	kg	0.930	—	—	—	—
	092705004	碎布	kg	0.110	—	—	—	—

工作内容：运料、表面清洗、配制、嵌刮腻子、涂刷。 计量单位：10 个口

编号				12-8-96	12-8-97	12-8-98	12-8-99	12-8-100
项目				管道公称直径 500mm 以内				
				底涂层		中间涂层		面涂层
				两遍	增一遍	一遍	增一遍	每一遍
名称			单位	消耗量				
人工	000203000	综合二类工	工日	1.516	0.927	0.688	0.688	0.688
材料	130113008	聚氨酯磁漆	kg	—	—	(1.020)	(0.790)	(1.600)
	130111025	聚氨酯底漆	kg	(2.670)	(1.340)	—	—	—
	143321001	二甲苯	kg	0.930	0.470	0.520	0.520	0.500
	031102005	铁砂布 0#～2#	张	0.230	0.120	0.120	0.120	—
	340907001	毛刷	把	0.325	0.070	0.077	0.077	0.070
	140509002	溶剂汽油	kg	1.730	—	—	—	—
	092705004	碎布	kg	0.210	—	—	—	—

工作内容：运料、表面清洗、配制、嵌刮腻子、涂刷。 **计量单位：**10个口

编号				12-8-101	12-8-102	12-8-103	12-8-104	12-8-105
项目				管道公称直径600mm以内				
				底涂层		中间涂层		面涂层
				两遍	增一遍	一遍	增一遍	每一遍
名称			单位	消耗量				
人工	000203000	综合二类工	工日	1.802	1.105	0.821	0.821	0.821
材料	130113008	聚氨酯磁漆	kg	—	—	（1.210）	（0.940）	（1.910）
	130111025	聚氨酯底漆	kg	（3.180）	（1.600）	—	—	—
	143321001	二甲苯	kg	1.110	0.560	0.620	0.620	0.600
	340907001	毛刷	把	0.387	0.083	0.091	0.091	0.084
	140509002	溶剂汽油	kg	2.060	—	—	—	—
	092705004	碎布	kg	0.250	—	—	—	—
	031102005	铁砂布 0#～2#	张	0.270	0.140	0.140	0.140	—

工作内容：运料、表面清洗、配制、嵌刮腻子、涂刷。 **计量单位：**10个口

编号				12-8-106	12-8-107	12-8-108	12-8-109	12-8-110
项目				管道公称直径700mm以内				
				底涂层		中间涂层		面涂层
				两遍	增一遍	一遍	增一遍	每一遍
名称			单位	消耗量				
人工	000203000	综合二类工	工日	2.062	1.267	0.936	0.936	0.936
材料	130113008	聚氨酯磁漆	kg	—	—	（1.380）	（1.070）	（2.180）
	130111025	聚氨酯底漆	kg	（3.630）	（1.820）	—	—	—
	143321001	二甲苯	kg	1.270	0.640	0.710	0.710	0.680
	340907001	毛刷	把	0.441	0.095	0.105	0.105	0.095
	140509002	溶剂汽油	kg	2.350	—	—	—	—
	092705004	碎布	kg	0.280	—	—	—	—
	031102005	铁砂布 0#～2#	张	0.310	0.160	0.160	0.160	—

工作内容：运料、表面清洗、配制、嵌刮腻子、涂刷。 **计量单位：**10个口

编 号				12-8-111	12-8-112	12-8-113	12-8-114	12-8-115
项 目				管道公称直径800mm以内				
				底涂层		中间涂层		面涂层
				两遍	增一遍	一遍	增一遍	每一遍
名 称			单位	消 耗 量				
人工	000203000	综合二类工	工日	2.347	1.446	1.062	1.062	1.062
材料	130113008	聚氨酯磁漆	kg	—	—	(1.570)	(1.220)	(2.480)
	130111025	聚氨酯底漆	kg	(4.140)	(2.080)	—	—	—
	143321001	二甲苯	kg	1.440	0.730	0.810	0.810	0.780
	031102005	铁砂布 0#～2#	张	0.360	0.180	0.180	0.180	—
	340907001	毛刷	把	0.502	0.108	0.119	0.119	0.109
	140509002	溶剂汽油	kg	2.680	—	—	—	—
	092705004	碎布	kg	0.320	—	—	—	—

工作内容：运料、表面清洗、配制、嵌刮腻子、涂刷。 **计量单位：**10个口

编 号				12-8-116	12-8-117	12-8-118	12-8-119	12-8-120
项 目				管道公称直径900mm以内				
				底涂层		中间涂层		面涂层
				两遍	增一遍	一遍	增一遍	每一遍
名 称			单位	消 耗 量				
人工	000203000	综合二类工	工日	2.632	1.615	1.196	1.196	1.196
材料	130111025	聚氨酯底漆	kg	(4.640)	(2.330)	—	—	—
	130113008	聚氨酯磁漆	kg	—	—	(1.770)	(1.370)	(2.790)
	140509002	溶剂汽油	kg	3.000	—	—	—	—
	092705004	碎布	kg	0.360	—	—	—	—
	143321001	二甲苯	kg	1.620	0.820	0.910	0.910	0.870
	031102005	铁砂布 0#～2#	张	0.400	0.200	0.200	0.200	—
	340907001	毛刷	把	0.564	0.121	0.134	0.134	0.122

六、无机富锌涂料

工作内容：运料、表面清洗、调配、涂刷。 **计量单位：**10个口

编号				12-8-121	12-8-122	12-8-123	12-8-124
项目				管道公称直径100mm以内			
				底涂层两遍	磷酸水两遍	水两遍	环氧银粉面涂层两遍
名称			单位	消耗量			
人工	000203000	综合二类工	工日	0.170	0.098	0.098	0.126
材料	040927004	锌粉	kg	（0.880）	—	—	—
	142107002	环氧树脂	kg	—	—	—	（0.350）
	341101001	水	m^3	0.210	0.390	0.460	—
	143123001	硅酸钠（水玻璃）	kg	0.210	—	—	—
	092705004	碎布	kg	0.010	—	—	—
	031102005	铁砂布 0#～2#	张	0.030	—	—	—
	140509002	溶剂汽油	kg	0.220	—	—	—
	340907001	毛刷	把	0.059	0.030	0.023	0.222
	143111001	磷酸 85%	kg	—	0.070	—	—
	143315001	丙酮	kg	—	—	—	0.350
	130903003	银粉	kg	—	—	—	0.090

工作内容：运料、表面清洗、调配、涂刷。 **计量单位：**10个口

编号				12-8-125	12-8-126	12-8-127	12-8-128
项目				管道公称直径200mm以内			
				底涂层两遍	磷酸水两遍	水两遍	环氧银粉面涂层两遍
名称			单位	消耗量			
人工	000203000	综合二类工	工日	0.348	0.205	0.205	0.250
材料	040927004	锌粉	kg	（1.800）	—	—	—
	142107002	环氧树脂	kg	—	—	—	（0.700）
	341101001	水	m^3	0.410	0.780	0.930	—
	143123001	硅酸钠（水玻璃）	kg	0.410	—	—	—

续前

编号				12-8-125	12-8-126	12-8-127	12-8-128
项目				管道公称直径 200mm 以内			
				底涂层两遍	磷酸水两遍	水两遍	环氧银粉面涂层两遍
名称			单位	消耗量			
材料	143181001	一氧化铅	kg	0.020	—	—	—
	092705004	碎布	kg	0.060	—	—	—
	031102005	铁砂布 0#～2#	张	0.060	—	—	—
	140509002	溶剂汽油	kg	0.450	—	—	—
	340907001	毛刷	把	0.118	0.062	0.046	0.445
	143111001	磷酸 85%	kg	—	0.150	—	—
	143315001	丙酮	kg	—	—	—	0.700
	130903003	银粉	kg	—	—	—	0.180

工作内容：运料、表面清洗、调配、涂刷。　　　　**计量单位**：10 个口

编号				12-8-129	12-8-130	12-8-131	12-8-132
项目				管道公称直径 300mm 以内			
				底涂层两遍	磷酸水两遍	水两遍	环氧银粉面涂层两遍
名称			单位	消耗量			
人工	000203000	综合二类工	工日	0.517	0.295	0.295	0.366
材料	040927004	锌粉	kg	（2.650）	—	—	—
	142107002	环氧树脂	kg	—	—	—	（1.040）
	341101001	水	m^3	0.610	1.160	1.380	—
	143123001	硅酸钠（水玻璃）	kg	0.610	—	—	—
	143181001	一氧化铅	kg	0.030	—	—	—
	092705004	碎布	kg	0.080	—	—	—
	031102005	铁砂布 0#～2#	张	0.090	—	—	—
	140509002	溶剂汽油	kg	0.660	—	—	—
	340907001	毛刷	把	0.173	0.092	0.068	0.654
	143111001	磷酸 85%	kg	—	0.220	—	—
	143315001	丙酮	kg	—	—	—	1.040
	130903003	银粉	kg	—	—	—	0.260

工作内容： 运料、表面清洗、调配、涂刷。　　　　**计量单位：** 10 个口

编号				12-8-133	12-8-134	12-8-135	12-8-136
项目				管道公称直径 400mm 以内			
				底涂层两遍	磷酸水两遍	水两遍	环氧银粉面涂层两遍
名称			单位	消耗量			
人工	000203000	综合二类工	工日	0.678	0.393	0.393	0.483
材料	040927004	锌粉	kg	（3.480）	—	—	—
	142107002	环氧树脂	kg	—	—	—	（1.360）
	341101001	水	m^3	0.800	1.520	1.810	—
	143123001	硅酸钠（水玻璃）	kg	0.800	—	—	—
	143181001	一氧化铅	kg	0.040	—	—	—
	092705004	碎布	kg	0.110	—	—	—
	031102005	铁砂布 0#～2#	张	0.120	—	—	—
	140509002	溶剂汽油	kg	0.870	—	—	—
	340907001	毛刷	把	0.228	0.119	0.090	0.855
	143111001	磷酸 85%	kg	—	0.280	—	—
	143315001	丙酮	kg	—	—	—	1.360
	130903003	银粉	kg	—	—	—	0.340

工作内容： 运料、表面清洗、调配、涂刷。　　　　**计量单位：** 10 个口

编号				12-8-137	12-8-138	12-8-139	12-8-140
项目				管道公称直径 500mm 以内			
				底涂层两遍	磷酸水两遍	水两遍	环氧银粉面涂层两遍
名称			单位	消耗量			
人工	000203000	综合二类工	工日	1.267	0.732	0.732	0.900
材料	040927004	锌粉	kg	（6.480）	—	—	—
	142107002	环氧树脂	kg	—	—	—	（2.530）
	341101001	水	m^3	1.500	2.830	3.370	—
	143123001	硅酸钠（水玻璃）	kg	1.500	—	—	—
	143181001	一氧化铅	kg	0.080	—	—	—
	092705004	碎布	kg	0.200	—	—	—
	031102005	铁砂布 0#～2#	张	0.220	—	—	—
	140509002	溶剂汽油	kg	1.620	—	—	—
	340907001	毛刷	把	0.426	0.223	0.167	1.598
	143111001	磷酸 85%	kg	—	0.530	—	—
	143315001	丙酮	kg	—	—	—	2.530
	130903003	银粉	kg	—	—	—	0.640

工作内容：运料、表面清洗、调配、涂刷。 **计量单位：**10 个口

编号				12-8-141	12-8-142	12-8-143	12-8-144
项目				管道公称直径 600mm 以内			
				底涂层两遍	磷酸水两遍	水两遍	环氧银粉面涂层两遍
名称			单位	消耗量			
人工	000203000	综合二类工	工日	1.508	0.865	0.865	1.070
材料	040927004	锌粉	kg	（7.720）	—	—	—
	142107002	环氧树脂	kg	—	—	—	（3.020）
	341101001	水	m^3	1.780	3.370	4.010	—
	143123001	硅酸钠（水玻璃）	kg	1.780	—	—	—
	143181001	一氧化铅	kg	0.090	—	—	—
	092705004	碎布	kg	0.240	—	—	—
	031102005	铁砂布 0#～2#	张	0.260	—	—	—
	140509002	溶剂汽油	kg	1.920	—	—	—
	340907001	毛刷	把	0.505	0.265	0.198	1.904
	143111001	磷酸 85%	kg	—	0.630	—	—
	143315001	丙酮	kg	—	—	—	3.020
	130903003	银粉	kg	—	—	—	0.760

工作内容：运料、表面清洗、调配、涂刷。 **计量单位：**10 个口

编号				12-8-145	12-8-146	12-8-147	12-8-148
项目				管道公称直径 700mm 以内			
				底涂层两遍	磷酸水两遍	水两遍	环氧银粉面涂层两遍
名称			单位	消耗量			
人工	000203000	综合二类工	工日	1.722	0.990	0.990	1.222
材料	040927004	锌粉	kg	（8.820）	—	—	—
	142107002	环氧树脂	kg	—	—	—	（3.450）
	341101001	水	m^3	2.040	3.850	4.590	—
	143123001	硅酸钠（水玻璃）	kg	2.040	—	—	—
	143181001	一氧化铅	kg	0.110	—	—	—
	092705004	碎布	kg	0.270	—	—	—
	031102005	铁砂布 0#～2#	张	0.300	—	—	—
	140509002	溶剂汽油	kg	2.200	—	—	—
	340907001	毛刷	把	0.579	0.303	0.227	2.177
	143111001	磷酸 85%	kg	—	0.720	—	—
	143315001	丙酮	kg	—	—	—	3.450
	130903003	银粉	kg	—	—	—	0.870

工作内容：运料、表面清洗、调配、涂刷。 **计量单位：**10 个口

编号				12-8-149	12-8-150	12-8-151	12-8-152
项目				管道公称直径 800mm 以内			
				底涂层两遍	磷酸水两遍	水两遍	环氧银粉面涂层两遍
名称			单位	消耗量			
人工	000203000	综合二类工	工日	1.954	1.133	1.133	1.390
材料	040927004	锌粉	kg	（10.050）	—	—	—
	142107002	环氧树脂	kg	—	—	—	（3.930）
	341101001	水	m^3	2.320	4.390	5.220	—
	143123001	硅酸钠（水玻璃）	kg	2.320	—	—	—
	143181001	一氧化铅	kg	0.120	—	—	—
	092705004	碎布	kg	0.310	—	—	—
	031102005	铁砂布 0#～2#	张	0.340	—	—	—
	140509002	溶剂汽油	kg	2.500	—	—	—
	340907001	毛刷	把	0.658	0.345	0.258	2.479
	143111001	磷酸 85%	kg	—	0.820	—	—
	143315001	丙酮	kg	—	—	—	3.930
	130903003	银粉	kg	—	—	—	0.990

工作内容：运料、表面清洗、调配、涂刷。 **计量单位：**10 个口

编号				12-8-153	12-8-154	12-8-155	12-8-156
项目				管道公称直径 900mm 以内			
				底涂层两遍	磷酸水两遍	水两遍	环氧银粉面涂层两遍
名称			单位	消耗量			
人工	000203000	综合二类工	工日	2.195	1.267	1.267	1.561
材料	040927004	锌粉	kg	（11.270）	—	—	—
	142107002	环氧树脂	kg	—	—	—	（4.410）
	341101001	水	m^3	2.600	4.930	5.860	—
	143123001	硅酸钠（水玻璃）	kg	2.600	—	—	—
	143181001	一氧化铅	kg	0.140	—	—	—
	092705004	碎布	kg	0.350	—	—	—
	031102005	铁砂布 0#～2#	张	0.380	—	—	—
	140509002	溶剂汽油	kg	2.810	—	—	—
	340907001	毛刷	把	0.740	0.387	0.290	2.780
	143111001	磷酸 85%	kg	—	0.920	—	—
	143315001	丙酮	kg	—	—	—	4.410
	130903003	银粉	kg	—	—	—	1.110

第九章

阴极保护工程

说　明

一、本章内容适用于陆地上管路、埋地管路、储罐、构筑物的阴极保护工程。

二、本章包括以下工作内容：

1. 恒电位仪、整流器、工作台等设备开箱检查、清洁搬运、划线定位、安装固定、电气联结找正、固定、接地、密封、挂牌、记录整理。

2. 阳极填料筛选、铺设阳极埋设、同回流线连接、接头防腐绝缘。

3. 电气连接、补涂料。

4. 焊压铜鼻子、接线、焊点防腐、检查片制作、探头埋设。

5. TEG、CCVT、断电器：场内搬运、开箱检查、安装固定、连接进气管、电气接线、试车。

三、本章不包括以下工作内容，应执行其他章节相关项目：

1. 水上工程、港口、船只的阴极保护。

2. 挖填土工程、开挖路面工程。

3. 接线箱安装、电缆敷设。

4. 阴极保护工程中的土石方开挖、回填等。

5. 阳极线杆架设、保护管敷设等。

6. 绝缘法兰、绝缘接头、绝缘短管等电绝缘装置安装。

7. 测试桩安装等。

8. 与第三方设备通信。

工程量计算规则

一、强制电流阴极保护：

1. 恒电位仪、整流器、工作台安装，应根据设计图示数量，不分型号、规格，以“台”为计量单位，设备的电气连接材料不做调整。

2. TEG、CCVT、断电器应根据设计图示数量，不分型号、规格，按成套供应，以“台”为计量单位。

3. 辅助阳极安装：

（1）棒式阳极，包括石墨阳极、高硅铸铁阳极、磁性氧化铁阳极，应根据设计图示数量，按接线方式不同分为单头和双头两种，不分型号、规格，以“根”为单位。

（2）钢铁阳极制作安装，应根据设计图示数量，不分阳极材料、规格，以“根”为计量单位，主材可按管材或型材用量乘以损耗率 3%计列。

（3）柔性阳极，应根据设计图示尺寸（包括同测试桩连接部分），以“100m”为计量单位，柔性阳极主材损耗率 1%，阳极弯接头、三通接头等配套主材按设计计算；用量以主材形式计列。

（4）深井阳极，应根据设计图示数量，以“个”为计量单位，深井中阳极支数可按设计用量以主材形式计列。

4. 参比阳极安装应根据设计图示数量，分别按长效 $CuSO_4$ 参比电极和锌阳极划分，按参比电极个数，以“个”为计量单位。

5. 通电点和均压线电缆连接：

（1）通电点，应根据设计图示数量，自恒电位仪引出的零位接阴电缆和阴极电缆同管线或金属结构的二点连接点的数量，以“处”为计量单位。

（2）均压线连接，应根据设计图示按两条管线或金属结构之间，同一管线间不同绝缘隔离段间的直接均压线连接数量，以“处”为计量单位。

二、牺牲阳极阴极保护：

1. 块状牺牲阳极应根据设计图示数量，不分品种、规格、埋设方式，以“10 支”为计量单位，阳极填料用量和配比可按设计要求换算。

2. 带状牺牲阳极：

（1）同管沟敷设，应根据设计图示数量、阳极带标识长度，以“10m”为计量单位。

（2）套管内敷设，应根据设计图示缠绕阳极带的螺旋线展开长度，以“10m”为计量单位。

（3）等电位垫，应根据设计图示等电位垫铺设的个数，以“处”为计量单位，但等电位垫阳极带主材按展开长度计算。

三、排流保护：

1. 排流器应根据设计图示数量，强制排流器和极性排流器不分型号、规格，以“台”为计量单位。

2. 接地极：

（1）钢制接地极，应根据设计图示数量，以“支”为计量单位，主材按设计要求计列，损耗率 3%。

（2）接地电阻测试，应根据设计图示数量，以组成接地系统的接地极组为计量单位计列。

（3）化学降阻处理，应根据设计图示要求需降阻处理的钢制接地极支数，以“支”为计量单位。

（4）降阻材料用量按设计要求另行计算。

四、其他：

1. 测试桩接线、检查片、测试探头安装：

（1）测试桩接线，按接线数量，应根据设计图示数量，以“对”为计量单位，每支测试桩同管线或金属结构的接线为一对接线。

（2）检查片，应根据设计图示数量，以“对”为计量单位，每对检查片包括一片同管线（或测试桩）相连的试片和一片自然腐蚀的试片。

（3）测试探头，应根据设计图示数量，以“个”为计量单位。

2.电绝缘装置性能测试和保护装置安装：

（1）电绝缘装置性能测试，应根据设计图示数量，以“处”为计量单位，每个绝缘法兰、绝缘接头为 1 处，每条穿越处的全部绝缘支撑、绝缘堵头为 1 处。

（2）绝缘保护装置，按保护装置的个数，应根据设计图示数量，以“个”为计量单位。

3. 阴极保护系统调试：

（1）线路：应根据设计图示按阴极保护系统保护的管线里程，以“km”为计量单位，单独施工的穿跨越工程阴极保护工程量不足 1km 时，按 1km 计算。

（2）站内：应根据设计图示强制电流阴极保护，按阴极保护站数量，以“站”为计量单位，牺牲阳极的阴极保护，按牺牲阳极的阳极组数量，以“组”为计量单位。

一、强制电流阴极保护

1. 电源设备安装

工作内容： 开箱检查、清洁、搬运、划线定位、安装固定、电气联结、补充电、放电、充电、测试记录、清理。

计量单位： 台

编号				12-9-1	12-9-2	12-9-3	12-9-4	12-9-5
项目				恒电位仪	整流器	电位仪工作台	恒电位仪一体机柜	智能电位采集仪
名称			单位	消耗量				
人工	000203000	综合二类工	工日	1.498	1.382	1.311	2.641	2.506
材料	281401002	塑料绝缘电力电缆 VV $1\times4mm^2$ 500V	m	5.000	5.000	—	—	—
	281401001	塑料绝缘电力电缆 VV $1\times10mm^2$ 500V	m	10.000	10.000	—	—	—
	280307002	铝芯橡皮绝缘电线 BLX-$6mm^2$	m	10.000	10.000	—	—	—
	281401004	塑料绝缘电力电缆 VV $2\times4mm^2$ 500V	m	10.000	10.000	—	—	—
	280103007	镀锌裸铜绞线 $16mm^2$	kg	—	—	—	0.800	—
	031509007	平垫铁（综合）	kg	—	—	—	0.200	—
	022701001	棉纱	kg	—	—	—	0.100	0.100
机械	990401020	载重汽车 5t	台班	0.345	0.315	0.296	0.099	0.500
	990304004	汽车式起重机 8t	台班	—	—	—	0.099	0.500
	991002005	柴油发电机组 30kW	台班	—	—	—	—	0.500
	870613023	手持式万用表	台班	0.059	0.059	0.032	0.059	0.075
	870613013	兆欧表	台班	0.059	0.059	0.032	0.059	0.075

工作内容：开箱检查、清洁、搬运、划线定位、安装固定、电气联结、补充电、放电、充电、测试记录、清理。　　**计量单位：**台

编号				12-9-6	12-9-7	12-9-8	12-9-9
项目				测试桩		阴极保护电源	
				普通	智能	TEG	CCVT
名称			单位	消耗量			
人工	000203000	综合二类工	工日	0.650	0.800	1.098	3.221
材料	280103007	镀锌裸铜绞线 16mm²	kg	0.500	0.500	—	—
	290901004	铜端子 6mm²	个	2.000	2.000	2.000	4.000
	130505001	防锈漆	kg	0.028	0.028	—	—
	130115005	醇酸调和漆 各色	kg	0.020	0.020	—	—
	031301007	低碳钢焊条（综合）	kg	—	—	0.500	—
	031301014	铬不锈钢电焊条	kg	—	—	—	0.500
	031101010	尼龙砂轮片 ϕ150	片	—	—	—	2.000
	281401004	塑料绝缘电力电缆 VV 2×4mm² 500V	m	—	—	—	16.000
机械	990904030	直流弧焊机 20kV·A	台班	—	—	0.246	0.246
	990401020	载重汽车 5t	台班	—	—	0.150	0.250
	991002005	柴油发电机组 30kW	台班	—	—	0.250	0.250
	870613023	手持式万用表	台班	—	—	0.100	0.100
	870613013	兆欧表	台班	—	—	0.100	0.100
	990304004	汽车式起重机 8t	台班	—	—	—	0.250

2. 阳极电极安装

工作内容：阳极填料筛选、铺设、阳极埋设、同汇流线连接、接头防腐绝缘。　　**计量单位：**见表

编号				12-9-10	12-9-11	12-9-12	12-9-13
项目				棒式阳极安装		钢铁阳极制安	柔性阳极制安
				单接头	双接头		
编号				根			100m
名称			单位	消耗量			
人工	000203000	综合二类工	工日	0.652	0.765	0.489	4.685
材料	340199002	牺牲阳极棒	个	（1.000）	（1.000）	（1.000）	—
	340111001	带状阳极	m	—	—	—	（101.000）
	142107001	环氧树脂	kg	0.300	0.600	0.050	—
	133101003	石油沥青 10#	kg	—	—	1.000	—
	031301025	紫铜电焊条 T107 ϕ3.2	kg	—	—	0.060	—
	031305002	焊锡	kg	—	—	0.060	—
	290901030	铜接线端子 DT-6mm²	个	—	—	1.000	—
	142909001	氧气	m³	—	—	0.800	—
	142907002	乙炔气	kg	—	—	0.240	—
	014101001	铜丝	kg	—	—	—	0.100

续前

		编　　号		12-9-10	12-9-11	12-9-12	12-9-13
		项　　目		棒式阳极安装		钢铁阳极制安	柔性阳极制安
				单接头	双接头		
		编　　号		根			100m
		名　　称	单位	消　耗　量			
材料	031507007	镀锌铁丝（综合）	kg	—	—	—	0.300
	142315001	凡士林	kg	—	—	—	1.250
	010501008	钢丝绳 ϕ8.4	m	—	—	—	2.500
	340117004	铜连接片	个	—	—	—	1.000
机械	990401020	载重汽车 5t	台班	0.079	0.079	0.049	0.266
	991002005	柴油发电机组 30kW	台班	—	—	0.049	0.158
	990901010	交流弧焊机 21kV · A	台班	—	—	0.049	—
	990401030	载重汽车 8t	台班	—	—	—	0.128
	990304004	汽车式起重机 8t	台班	—	—	—	0.128

工作内容：阳极填料筛选、铺设、阳极埋设、同汇流线连接、接头防腐绝缘。　　　　**计量单位：**见表

		编　　号		12-9-14	12-9-15	12-9-16
		项　　目		长效 $CuSO_4$ 参比电极	锌参比电极	网状阳极
		单　　位		根		10m
		名　　称	单位	消　耗　量		
人工	000203000	综合二类工	工日	0.221	0.326	0.469
材料	022703008	棉布袋 ϕ300 × 1500	个	（1.000）	（2.000）	（3.000）
	340199001	硫酸铜参比电极	只	（1.000）	—	—
	340199003	锌参比电极	个	—	（1.000）	—
	142107001	环氧树脂	kg	0.100	0.260	—
	031301025	紫铜电焊条 T107 ϕ3.2	kg	0.100	0.100	0.200
	040905007	石膏粉	kg	15.000	7.500	—
	143137001	硫酸铵	kg	1.000	0.500	—
	040901006	膨润土	kg	4.000	2.000	—
	031305002	焊锡	kg	0.050	0.050	0.100
	290901030	铜接线端子 DT-6mm^2	个	1.000	1.000	—
	340117004	铜连接片	个	1.000	1.000	2.020
	040315003	黄砂 中砂	m^3	—	1.000	0.022
	290905001	铜铝接线端子 25	个	—	1.000	—
	340111003	金属氧化物阳极带	m^2	—	—	10.150
	340117003	钛导电连接片	个	—	—	3.000
	031507007	镀锌铁丝（综合）	kg	—	—	0.500
	031101009	尼龙砂轮片 ϕ100	片	—	—	1.000

工作内容： 阳极填料筛选、铺设、阳极埋设、同汇流线连接、接头防腐绝缘。 **计量单位：** 见表

编号				12-9-17	12-9-18	12-9-19	12-9-20	12-9-21
项目				深井阳极安装			阳极井套管	
				井深 20m	每增 10m	排气管	钢套管	塑料管
单位				套		10m		
名称			单位	消耗量				
人工	000203000	综合二类工	工日	10.128	2.978	0.796	5.664	5.382
材料	172500010	塑料管 *DN*25	m	(21.000)	(10.000)	—	—	—
	291115005	接线箱（综合）	个	(1.000)	—	—	—	—
	170500002	碳钢管（综合）	m	—	—	—	(10.300)	—
	022701003	棉纱头	kg	—	—	0.132	0.051	0.602
	031102004	铁砂布（综合）	张	—	—	1.500	—	2.500
	172503001	PVC 塑料管 ϕ60	米	—	—	10.200	—	—
	144135005	FL-15 胶粘剂	kg	—	—	0.016	—	—
	180900003	塑料管件	个	—	—	2.500	—	—
	130505009	酚醛防锈漆 各色	kg	—	—	—	2.674	—
	130121004	煤焦油沥青漆 L01-17	kg	—	—	—	10.919	—
	031101013	尼龙砂轮片 $\phi100\times16\times3$	片	—	—	—	1.954	—
	012100002	角钢（综合）	kg	—	—	—	0.138	—
	092705004	碎布	kg	—	—	—	2.441	—
	020905001	塑料布	m^2	—	—	—	0.878	—
	010301007	钢丝 ϕ4.0	kg	—	—	—	0.081	—
	031107005	圆型钢丝轮 ϕ100	片	—	—	—	2.041	—
	143505003	金属清洗剂	kg	—	—	—	0.796	—
	050301001	木材	m^3	—	—	—	—	0.001
	341111001	木柴	kg	—	—	—	—	1.030
	273103001	电阻丝	根	—	—	—	—	0.010
	031301015	聚氯乙烯焊条（综合）	kg	—	—	—	—	0.428
	142107001	环氧树脂	kg	0.200	—	—	—	—
	031301025	紫铜电焊条 T107 ϕ3.2	kg	0.500	—	—	—	—
	031305002	焊锡	kg	0.400	—	—	—	—
	290901030	铜接线端子 DT-6mm²	个	9.000	—	—	—	—
	340117004	铜连接片	个	9.000	—	—	—	—
	040315003	黄砂 中砂	m^3	0.500	1.000	—	—	—
	290905001	铜铝接线端子 25	个	9.000	—	—	—	—
	011300002	扁钢（综合）	kg	14.000	—	—	—	—
	170301003	镀锌钢管 *DN*15	m	5.000	—	—	—	—
	181602004	镀锌钢管接头 20×2.75	个	9.000	—	—	—	—
	040100006	水泥 42.5	kg	40.000	—	—	—	—
	031301009	低碳钢焊条 J427（综合）	kg	8.580	3.980	—	—	—

续前

编号				12-9-17	12-9-18	12-9-19	12-9-20	12-9-21
项目				深井阳极安装			阳极井套管	
				井深 20m	每增 10m	排气管	钢套管	塑料管
单位				套		10m		
名称			单位	消耗量				
材料	142909001	氧气	m^3	6.870	3.090	—	1.085	—
	142907002	乙炔气	kg	2.060	0.930	—	0.362	10.300
机械	990706010	木工圆锯机 500mm	台班	—	—	0.001	—	0.004
	990304004	汽车式起重机 8t	台班	—	—	—	0.030	0.001
	991003020	电动空气压缩机 $0.6m^3/min$	台班	—	—	—	—	1.446
	990727010	立式钻床 25mm	台班	0.650	—	—	—	—
	990401020	载重汽车 5t	台班	0.493	0.246	—	—	—
	990401030	载重汽车 8t	台班	1.160	0.580	—	0.030	0.001
	990900010	电焊机（综合）	台班	1.990	0.946	—	—	—
	990515010	吊装机械（综合）	台班	0.147	0.073	—	0.149	0.128

3. 检查头、通电点

工作内容： 1. 表面处理、电气连接、连接点防腐、绝缘。

2. 均压线连接：表面处理、焊压铜鼻子、电气连接、连接点防腐、绝缘。 **计量单位：** 处

编号				12-9-22	12-9-23	12-9-24
项目				检查头	通电点	均压线连接
名称			单位	消耗量		
人工	000203000	综合二类工	工日	1.661	0.326	0.411
材料	031305006	铝热焊剂 （带点火器）10g/瓶	瓶	—	（6.000）	（6.000）
	350807001	铝热焊模具 LHM-3Y	个	—	（0.200）	（0.200）
	291199001	电池盒	个	—	（0.200）	（0.200）
	290901004	铜端子 $6mm^2$	个	10.000	—	—
	280307002	铝芯橡皮绝缘电线 BLX-$6mm^2$	m	10.000	—	—
	170201025	无缝钢管 $D89 \times 6$	kg	0.100	—	—
	290901006	铜端子 $16mm^2$	个	—	2.000	2.000
	144113001	热熔胶	kg	—	0.100	0.100
	021311001	收缩带	m^2	—	0.480	0.480
	031305002	焊锡	kg	—	0.100	0.050
	031301009	低碳钢焊条 J427（综合）	kg	—	—	0.200
	012903009	热轧中厚钢板 $\delta 4.5 \sim 10$	kg	—	—	0.400
机械	990904020	直流弧焊机 14kV · A	台班	0.100	0.040	—
	990904030	直流弧焊机 20kV · A	台班	—	—	0.246
	991002005	柴油发电机组 30kW	台班	—	—	0.246

二、牺牲阳极安装

工作内容：表面处理、焊接、配制填料、装袋、焊点防腐绝缘。　　计量单位：10 支

编号				12-9-25	12-9-26	12-9-27	12-9-28
项目				块状牺牲阳极			
				锌镁阳极块		接地电池块	
				同测试桩连接	同保护体连接	同测试桩连接	同被保护体连接
名称			单位	消耗量			
人工	000203000	综合二类工	工日	3.626	4.530	4.691	5.863
材料	340911001	芒硝	kg	(35.000)	(35.000)	(35.000)	(35.000)
	022703008	棉布袋 $\phi300\times1500$	个	(10.000)	(10.000)	(10.000)	(10.000)
	172511003	聚乙烯管	m	(1.000)	(1.000)	(2.000)	(2.000)
	040901007	膨润土	kg	(140.000)	(140.000)	(140.000)	(140.000)
	040905008	石膏粉	kg	(525.000)	(525.000)	(525.000)	(525.000)
	031305006	铝热焊剂 （带点火器）10g/瓶	瓶	—	(30.000)	—	(60.000)
	144113002	热熔胶	kg	—	(0.500)	—	(1.000)
	144303008	冷缠胶带	m^2	—	(1.200)	—	(2.400)
	350807001	铝热焊模具 LHM-3Y	个	—	(1.000)	—	(2.000)
	340115005	接地电池	个	—	—	(10.000)	(10.000)
	031507007	镀锌铁丝（综合）	kg	0.500	0.500	1.000	1.000
	031305002	焊锡	kg	0.500	—	1.000	—
	031301025	紫铜电焊条 T107 $\phi3.2$	kg	2.000	2.000	4.000	4.000
	142107001	环氧树脂	kg	3.000	3.000	6.000	6.000
	340117004	铜连接片	个	10.000	—	20.000	—
	290901004	铜端子 $6mm^2$	个	10.000	—	20.000	—
	290905001	铜铝接线端子 25	个	10.000	—	20.000	—
	021311001	收缩带	m^2	—	4.500	—	9.000
机械	990401020	载重汽车 5t	台班	0.985	0.985	1.478	1.478
	990900010	电焊机（综合）	台班	0.490	0.490	0.990	0.990
	991002005	柴油发电机组 30kW	台班	—	0.490	—	0.990

工作内容：表面处理、焊接、配制填料、装袋、焊点防腐绝缘。 **计量单位：**见表

编号				12-9-29	12-9-30	12-9-31	12-9-32
项目				带状牺牲阳极			
				同管沟敷设		套管内敷设	等电位垫
				同测试桩连接	同保护体连接		
单位				10m			处
名称			单位	消耗量			
人工	000203000	综合二类工	工日	0.320	0.241	0.362	0.241
材料	340111001	带状阳极	m	（10.300）	（10.300）	（10.300）	—
	040901007	膨润土	kg	（50.000）	（50.000）	（140.000）	（140.000）
	040905008	石膏粉	kg	（15.000）	（15.000）	—	—
	143141001	硫酸镁	kg	（35.000）	（35.000）	—	—
	031305006	铝热焊剂（带点火器）10g/瓶	瓶	（3.000）	—	（3.000）	（3.000）
	021925004	收缩带	m^2	（0.600）	—	（0.072）	（0.600）
	350807001	铝热焊模具 LHM-3Y	个	（0.100）	—	—	（0.100）
	031301025	紫铜电焊条 T107 ϕ3.2	kg	0.100	0.100	—	—
	142107001	环氧树脂	kg	0.100	0.100	—	—
	144113001	热熔胶	kg	0.100	—	0.200	0.100
	144303007	冷缠胶带	m^2	0.160	—	0.200	—
	340117004	铜连接片	个	—	1.000	—	—
	290901004	铜端子 6mm^2	个	—	1.000	—	—
	290905001	铜铝接线端子 25	个	—	1.000	—	—
机械	990401020	载重汽车 5t	台班	0.148	0.148	0.197	0.148
	990900010	电焊机（综合）	台班	0.099	—	0.099	0.099
	991002005	柴油发电机组 30kW	台班	0.099	—	0.099	0.099

三、排 流 保 护

工作内容： 1. 接地极：下料加工、刷漆、焊接、打入地下、电气连接。
2. 接地引线敷设：平直、下料、测位、焊接、固定。
3. 化学降阻处理：调配降阻剂、填充降阻剂。
4. 接地降阻测试：测量、记录。

计量单位： 见表

编　号				12-9-33	12-9-34	12-9-35	12-9-36	12-9-37
项　目				强制排流器	极性排流器	辅助阳极		
						金属复合、氧化物	高硅铁	石墨
单　位				台		块	支	
名　称			单位	消　耗　量				
人工	000203000	综合二类工	工日	1.333	1.866	0.241	0.344	0.220
材料	553101001	强制排流器	台	(1.000)	(1.000)	—	—	—
	340117002	复合阳极块	块	—	—	(1.000)	—	—
	340111002	硅铁阳极	块	—	—	—	(1.000)	—
	022305002	石墨阳极棒	根	—	—	—	—	(1.000)
	550913003	极性排流器保护箱	台	—	(1.000)	—	—	—
	031305006	铝热焊剂（带点火器）10g/瓶	瓶	—	(6.000)	—	—	—
	350807001	铝热焊模具 LHM-3Y	个	—	(0.200)	—	—	—
	291199001	电池盒	个	—	(0.200)	—	—	—
	280307002	铝芯橡皮绝缘电线 BLX-6mm^2	m	10.000	10.000	—	—	—
	281401004	塑料绝缘电力电缆 VV 2×4mm^2 500V	m	10.000	10.000	—	—	—
	290901006	铜端子 16mm^2	个	—	2.000	—	—	—
	144113001	热熔胶	kg	—	0.600	—	—	—
	031305002	焊锡	kg	0.100	0.100	0.050	0.050	0.050
	031301007	低碳钢焊条（综合）	kg	—	—	0.100	0.100	0.100
	142107001	环氧树脂	kg	—	—	0.050	0.050	0.050
	021311001	收缩带	m^2	—	0.078	0.009	0.009	0.009
	290901004	铜端子 6mm^2	个	4.000	2.000	1.000	1.000	1.000
	290905001	铜铝接线端子 25	个	—	—	1.000	1.000	1.000
	031301025	紫铜电焊条 T107 ϕ3.2	kg	—	—	0.100	0.120	—
机械	990304004	汽车式起重机 8t	台班	0.493	0.493	—	—	—
	990401020	载重汽车 5t	台班	0.493	0.493	0.049	0.049	0.049
	990901010	交流弧焊机 21kV·A	台班	—	—	0.049	0.049	—
	991002005	柴油发电机组 30kW	台班	—	—	0.049	0.049	—

工作内容：1. 接地极：下料加工、刷漆、焊接、打入地下、电气连接。
2. 接地引线敷设：平直、下料、测位、焊接、固定。
3. 化学降阻处理：调配降阻剂、填充降阻剂。
4. 接地降阻测试：测量、记录。 计量单位：见表

编 号				12-9-38	12-9-39	12-9-40
项 目				接地引线敷设	化学降阻处理	降阻测试
单 位				10m	支	组
名 称			单位	消 耗 量		
人工	000203000	综合二类工	工日	1.652	0.800	0.533
材料	270605002	阳极引线	m	（10.300）	—	—
	031305002	焊锡	kg	0.100	—	—
	031301007	低碳钢焊条（综合）	kg	0.800	—	—
	142107001	环氧树脂	kg	0.900	—	—
	021311001	收缩带	m^2	0.420	—	—
	290901004	铜端子 $6mm^2$	个	1.000	—	—
	031301025	紫铜电焊条 T107 $\phi3.2$	kg	0.200	—	—
机械	990401020	载重汽车 5t	台班	0.039	—	—
	990901010	交流弧焊机 21kV·A	台班	0.039	—	—
	991002005	柴油发电机组 30kW	台班	0.039	—	—
	870613023	手持式万用表	台班	—	—	0.050
	873112061	精密交直流稳压电源	台班	—	—	0.050
	870622055	接地电阻测试仪	台班	—	—	0.050

四、辅助安装

1. 测试桩接线、检查片制安、测试探头安装

工作内容：1. 测试桩接线：焊压铜鼻子、接线、焊点防腐。
2. 检查片制安：检查片制作、防腐、埋设、接线、焊点防腐。
3. 测试探头安装：探头埋设、电气连接、防腐。 计量单位：见表

编 号				12-9-41	12-9-42	12-9-43	12-9-44	12-9-45
项 目				测试桩接线		检查片制安		测试探头
				接管线	接金属结构	接管线	接测试桩	
单 位				对				个
名 称			单位	消 耗 量				
人工	000203000	综合二类工	工日	0.241	0.159	0.320	0.159	0.107
材料	031305006	铝热焊剂 （带点火器）10g/瓶	瓶	（1.000）	—	—	—	—

续前

编号				12-9-41	12-9-42	12-9-43	12-9-44	12-9-45
项目				测试桩接线		检查片制安		测试探头
				接管线	接金属结构	接管线	接测试桩	
单位				对				个
名称			单位	消耗量				
材料	350807001	铝热焊模具 LHM-3Y	个	(0.100)	—	—	—	—
	291199001	电池盒	个	(0.100)	—	—	—	—
	144303008	冷缠胶带	m^2	(0.100)	—	(0.064)	(0.016)	—
	300103001	测试探头	个	—	—	—	—	(1.000)
	172511004	PE 聚乙烯管 *De*76	m	—	—	—	—	3.000
	031305002	焊锡	kg	0.100	—	—	0.100	—
	290901004	铜端子 6mm^2	个	1.000	—	—	1.000	3.000
	144113001	热熔胶	kg	0.300	—	0.300	—	—
	021311001	收缩带	m^2	0.360	—	0.360	—	—
	142107001	环氧树脂	kg	—	0.100	0.200	0.200	0.100
	031301025	紫铜电焊条 T107 ϕ3.2	kg	—	0.100	0.100	—	0.200
	031301007	低碳钢焊条（综合）	kg	—	0.200	—	—	—
	012903009	热轧中厚钢板 δ4.5～10	kg	—	—	1.000	—	—
	011300002	扁钢（综合）	kg	—	—	2.000	—	—
	130111017	环氧煤沥青底漆	kg	—	—	0.200	0.200	—
	340117004	铜连接片	个	—	—	—	1.000	—
	290905001	铜铝接线端子 25	个	—	—	—	1.000	—
机械	990401020	载重汽车 5t	台班	0.020	0.020	0.020	—	0.049
	990901010	交流弧焊机 21kV · A	台班	0.100	0.049	0.090	—	0.049
	991002005	柴油发电机组 30kW	台班	0.100	—	0.090	—	—

2. 绝缘性能测试、保护装置安装

工作内容： 1. 绝缘装置绝缘性能测试：测试、记录等。
2. 火花间隙保护装置：开箱检查、安支撑架、安装固定等。
3. 极化电极：开箱检查、支架安装、电池液配制、灌注、安装固定、接线、点焊、防腐等。
4. 准备、搬运、设备清理、检查、校接线、调试记录。

计量单位： 见表

编号				12-9-46	12-9-47	12-9-48	12-9-49
项目				绝缘性能测试	保护装置安装		
					火花间隙	极化电池	浪涌保护器
单位				处	个		
名称			单位	消耗量			
人工	000203000	综合二类工	工日	1.599	0.800	1.599	0.341
材料	031305006	铝热焊剂 （带点火器）10g/瓶	瓶	—	—	（2.000）	—
	350807001	铝热焊模具 LHM-3Y	个	—	—	（0.200）	—
	291199001	电池盒	个	—	—	（0.200）	—
	144113002	热熔胶	kg	—	—	（0.600）	—
	021925004	收缩带	m^2	—	—	（0.660）	—
	171501002	紫铜管（综合）	m	—	0.800	—	—
	031305002	焊锡	kg	—	0.100	0.100	—
	142107001	环氧树脂	kg	—	0.500	0.100	—
	280109001	硬铜绞线 TJ-10mm^2	m	—	1.500	—	—
	290901004	铜端子 6mm^2	个	—	—	2.000	1.000
	093301001	真丝绸布 宽 900	m	—	—	—	0.050
机械	990401020	载重汽车 5t	台班	—	0.099	0.099	—
	873112061	精密交直流稳压电源	台班	—	—	—	0.043
	870613023	手持式万用表	台班	—	—	—	0.368
	873114001	数字电压表	台班	—	—	—	0.040
	870622105	精密标准电阻箱	台班	—	—	—	0.040

3. 阴保系统调试

工作内容：保护单体极化、测定土壤电阻率、阳极电位、输出电流、保护对象自然电位、保护电位、阳极接地电阻、输出电流调整、绕路检查、调试。 **计量单位：**见表

编号				12-9-50	12-9-51	12-9-52
项目				被保护管（线）路	站内强制电流	站内牺牲阳极
单位				km	站	组
名称			单位	消耗量		
人工	000203000	综合二类工	工日	2.132	6.397	1.599
机械	990401015	载重汽车 4t	台班	1.140	—	—
	870622064	高压绝缘电阻测试仪	台班	0.100	2.800	0.068
	870613023	手持式万用表	台班	0.100	1.800	0.068
	873114001	数字电压表	台班	0.100	2.600	0.068
	870622105	精密标准电阻箱	台班	0.100	2.200	0.068
	873112061	精密交直流稳压电源	台班	0.100	3.500	0.068

4. 阳极井钻孔

工作内容：1. 10m 以内：施工准备、钻机移动、钻孔、取土至孔外。
2. 10m 以上：施工准备、钻机拆卸、就位移动、疏通泥浆物、钻孔、压浆、清孔、测量孔径、孔深。 **计量单位：**10m

编号				12-9-53	12-9-54	12-9-55	12-9-56
项目				阳极井钻孔（10m 以内）		阳极井钻孔	
				普通土	坚土	20m 以内	每增 10m
名称			单位	消耗量			
人工	000203000	综合二类工	工日	0.906	0.880	21.000	8.400
材料	040901010	粘土	kg	0.300	—	1.700	0.850
	341101001	水	m^3	—	—	90.400	45.200
	173105007	混凝土井管 *DN*550	M	—	—	18.000	9.000
	170301006	镀锌钢管 *DN*25	m	—	—	1.300	1.300
	330199005	钢护筒	t	—	—	0.100	0.050
机械	990787030	岩石钻孔机 ϕ500/800	台班	0.650	0.850	—	—
	990803020	电动多级离心清水泵 100mm 120m 以下	台班	—	—	2.200	1.100
	990805020	污水泵 100mm	台班	—	—	1.600	0.680
	990806020	泥浆泵 100mm	台班	—	—	1.400	0.600
	991002005	柴油发电机组 30kW	台班	—	—	2.200	1.100
	990209010	回旋钻机 500mm	台班	—	—	2.200	1.100

五、补 充 项 目

1. 排 流 保 护

工作内容：准备、测量土壤电阻率、交流电压变化，干扰电压测量、调节。查找干扰源，测量土壤电阻率、交流电压，确定干扰源位置、种类、电压等级、平行距离、交叉位置，测量电流电压、土壤电阻率、干扰点土壤深度状况、干扰点电位梯度等。

计量单位：见表

编　　号				12-9-57	12-9-58
项　　目				排流装置调试	交流干扰普查/状况检测
单　　位				处	km
名　　称			单位	消　耗　量	
人工	000203000	综合二类工	工日	2.762	9.957
材料	850103002	校验材料费	元	3.650	6.560
机械	870613023	手持式万用表	台班	0.405	1.750
	870622034	电位差计	台班	0.405	0.875
	870622036	携带式直流电位差计	台班	0.405	1.750
	870622055	接地电阻测试仪	台班	0.506	0.875
	990401020	载重汽车 5t	台班	—	0.546
	873114001	数字电压表	台班	—	1.750

第十章

绝 热 工 程

第十章

钳工常识

说　明

一、本章内容适用于设备、管道、通风管道的绝热工程。

二、关于下列各项费用的有关规定：

1. 镀锌铁皮保护层厚度按 0.8mm 以下综合考虑，若厚度大于 0.8mm 时，其人工乘以系数 1.20；卧式设备保护层安装，其人工乘以系数 1.05。

2. 铝皮保护层执行镀锌铁皮保护层安装项目，主材可以换算，若厚度大于 1mm 时，其人工乘以系数 1.20。

3. 不锈钢薄板作保护层执行金属保护层相应项目，其人工乘以系数 1.25，机械乘以系数 1.15。

4. 管道及设备防潮层、保护层项目内是按一遍计入的，如果设计要求两遍时，应按相应项目人工、材料、机械乘以系数 2.00。

5. 管道绝热均按现场安装后绝热施工考虑，若先绝热后安装时，其人工乘以系数 0.90。

三、相关说明：

1. 伴热管道、设备绝热工程量计算方法是：主绝热管道或设备的直径加伴热管道的直径、再加 10～20mm 的间隙作为计算的直径。即：$D = D_{主} + d_{伴} + (10～20\text{mm})$。

2. 管道绝热工程，除法兰、阀门需要单独绝热时应执行相应项目外，其他管件均已综合在内；设备绝热工程，除法兰、人孔单独绝热需要另行计算外，其封头已综合在内。

3. 聚氨酯泡沫塑料安装项目执行泡沫塑料相应项目。

4. 保温卷材安装应执行相同材质的板材安装项目，其人工、铁丝消耗量不变，但卷材用量的损耗率按 3.1%计算。

5. 复合材料分别安装时应按分层计算。

6. 依据绝热工程施工及验收技术规范，保温层厚度大于 80mm、保冷层厚度大于 75mm，若分为两层安装的，其工程量应分层计算，分别执行相应项目。如厚 140mm 的要分两层，分别为 60mm 和 80mm，该两层分别计算工程量，套用相应项目时，按单层 60mm 和 80mm 分别套用相应项目。在计算第二层以上工程量时，其直径应按下式计算：$D_2 = (D_1 + 2.1\delta) + 8.2\text{mm}$，其余以此类推。

7. 聚氨酯泡沫塑料发泡安装，是按无模具直喷施工考虑的，若采用有模具浇注法施工，其模具（制作安装）费应依据施工方案另行计算。发泡效果受环境温度条件影响较大，因以成品“m^3”计算，环境温度低于 15℃时应采用措施，其费用应依据施工方案另行计算。

8. 管道及设备绝热内层施工时，设计要求采用钢带进行捆扎时，应执行钢带安装项目，同时应扣除绝热项目中的镀锌铁丝材料费，其安装工程人工乘以系数 0.90。

9. 执行金属压型板的安装项目时，若设备本体有压型板铆接固定件，则应扣除该项目中扁钢、槽钢的消耗量。

10. 对于管道公称直径直径大于 *DN*700 的绝热安装应执行设备绝热相应项目。

四、绝热材料的适用范围：

1. 硬质瓦块安装适用于珍珠岩、蛭石、微孔硅酸钙等材质瓦块安装。

2. 纤维类制品安装适用于矿棉、岩棉、玻璃棉、超细玻璃棉、泡沫石棉制品、硅酸铝制品等。

3. 泡沫类制品安装适用于聚苯乙烯泡沫塑料、聚氨脂泡沫塑料等。

4. 毡类制品安装适用于缝毡、带网带布制品、粘结成品等材质制品安装，如岩棉毡、矿棉毡、玻璃棉毡等制品。

工程量计算规则

一、绝热工程中绝热层应按设计图示数量，区分设备、管道、风管、阀门、法兰等及采用绝热材料的不同种类，分别以“m^3”为计量单位，防潮层、保护层应按设计图示数量区分设备、管道及采用材料的不同种类，分别以“$10m^2$”为计量单位。

二、金属托盘、钩钉制作安装应按设计图示数量，分别以“100kg”为计量单位。

三、普通钢板盒、镀锌铁皮盒制作安装应按设计图示数量，分别以“$10m^2$”为计量单位。

四、设备、管道刷防火涂料应区分涂刷的厚度应按设计图示数量，分别以“$10m^2$”为计量单位。

五、一般钢结构、管廊钢结构、大型型钢钢结构刷防火涂料应按设计图示数量区分涂刷的厚度，分别以“100kg”为计量单位。

六、刷防火土应按设计图示数量区分涂抹防火土厚度的不同，分别以“$10m^2$”为计量单位。

七、防腐、绝热工程量计算公式：

1. 绝热工程中绝热层以“m^3”为计量单位，防潮层、保护层以“m^2”为计量单位。

2. 设备筒体或管道绝热、防潮和保护层工程量计算公式：

$$V = \pi \times (D + K_1\delta) \times K_1\delta \times L$$

$$S = \pi \times (D + K_2\delta) \times L$$

式中：V——设备筒体绝热体积（m^3）；

S——设备筒体防潮层、保护层表面积（m^2）；

D——设备直径（m）；

π——圆周率；

K_1——调整系数（1.033）；

K_2——调整系数（2.10）；

δ——绝热层厚度（m）；

L——设备筒体长度或高度（m）。

3. 伴热管道绝热工程量计算公式：

1）单管伴热或双管伴热（管径相同、夹角小于90°时）：

$$D' = D_1 + D_2 + (10\sim20\text{mm})$$

式中：D'——伴热管道直径综合值（m）；

D_1——主管道直径（m）；

D_2——伴热管道直径（m）；

10～20mm——主管道与伴热管之间的间隙。

2）双管伴热（管径相同、夹角大于90°时）：

$$D' = D_1 + 1.5D_2 + (10\sim20\text{mm})$$

3）双管伴热（管径不同、夹角大于90°时）：

$$D' = D_1 + D_{伴大} + (10\sim20\text{mm})$$

式中：D'——伴热管道直径综合值（m）；

D_1——主管道直径（m）；

$D_{伴大}$——双管伴热中管径大的伴热管直径（m）。

将上述D'计算结果分别代入上述（1）（2）公式中，计算出伴热管的绝热层、防潮层和保护层工程量。

4. 设备封头绝热、防潮层和保护层工程量计算公式：

$$V = [(D + 1.033\delta)/2]2 \times \pi \times 1.033\delta \times 1.5N$$

$$S = [(D + 2.1\delta)/2]2 \times \pi \times 1.5N$$

式中：V——设备封头绝热体积（m^3）；

S——设备封头防潮层、保护层表面积（m^2）；

D——设备封头直径（m）；

δ——设备封头绝热层厚度（m）；

N——设备封头个数。

5. 阀门绝热、防潮层和保护层工程量计算公式：

$$V = \pi(D + 1.033\delta) \times 2.5D \times 1.033\delta \times 1.05NS = \pi(D + 2.1\delta) \times 2.5D \times 1.05N$$

式中：V——阀门绝热体积（m^3）；

S——阀门防潮层、保护层表面积（m^2）；

D——阀门直径（m）；

δ——阀门绝热层厚度（m）；

N——阀门个数。

6. 拱顶罐封头绝热、防潮和保护层工程量计算公式：

$$V = 2\pi r \times (h + 1.033\delta) \times 1.033\delta S = 2\pi r(h + 2.1\delta)$$

式中：V——拱顶罐封头绝热体积（m^3）；

S——拱顶罐封头防潮层、保护层表面积（m^2）；

r——拱顶罐封头半经（m）；

δ——拱顶罐封头绝热厚度（m）；

h——拱顶罐封头高度（m）。

7. 矩形管道的绝热、保护层工程量计算公式：

$$V = 2(a + b + 2.066\delta) \times 1.033\delta \times L$$

$$S = 2(a + b + 4.2\delta) \times L$$

式中：V——矩形管道绝热体积（m^3）；

S——矩形管道防潮层、保护层表面积（m^2）；

a、b——矩形管道管口边长（m）；

δ——绝热层厚度（m）；

L——矩形管道长度（m）。

一、硬质制品安装

工作内容：运料、割料、安装、捆扎、修理整平、抹缝（或塞缝）。 **计量单位：**m³

编号				12-10-1	12-10-2	12-10-3	12-10-4
项目				立式设备（厚度 mm 以内）			
				30	40	60	80
名称			单位	消耗量			
人工	000203000	综合二类工	工日	3.077	2.541	1.873	1.468
材料	150001001	硬质制品	m³	（1.060）	（1.060）	（1.060）	（1.060）
	151901001	硅藻土粉 生料	kg	64.250	64.250	64.250	64.250
	341101001	水	m³	0.100	0.100	0.100	0.100
	031507016	镀锌铁丝 ϕ2.5～1.4	kg	6.800	6.800	6.800	6.800
机械	990503010	电动单筒慢速卷扬机 10kN	台班	0.120	0.120	0.120	0.120

注：适用于珍珠岩、蛭石、微孔硅酸钙等。

工作内容：运料、割料、安装、捆扎、修理整平、抹缝（或塞缝）。 **计量单位：**m³

编号				12-10-5	12-10-6	12-10-7	12-10-8
项目				卧式设备（厚度 mm 以内）			
				30	40	60	80
名称			单位	消耗量			
人工	000203000	综合二类工	工日	3.844	3.174	2.342	1.835
材料	150001001	硬质制品	m³	（1.060）	（1.060）	（1.060）	（1.060）
	151901001	硅藻土粉 生料	kg	64.250	64.250	64.250	64.250
	341101001	水	m³	0.100	0.100	0.100	0.100
	031507016	镀锌铁丝 ϕ2.5～1.4	kg	6.900	6.900	6.900	6.900
机械	990503010	电动单筒慢速卷扬机 10kN	台班	0.120	0.120	0.120	0.120

工作内容：运料、割料、安装、捆扎、修理整平、抹缝（或塞缝）。 **计量单位：**m³

编号				12-10-9	12-10-10	12-10-11	12-10-12
项目				球形设备（厚度 mm 以内）			
				30	40	60	80
名称			单位	消耗量			
人工	000203000	综合二类工	工日	4.806	3.968	2.927	2.295
材料	150001001	硬质制品	m³	（1.060）	（1.060）	（1.060）	（1.060）
	151901001	硅藻土粉 生料	kg	64.250	64.250	64.250	64.250
	341101001	水	m³	0.100	0.100	0.100	0.100
	031507016	镀锌铁丝 ϕ2.5～1.4	kg	7.200	7.200	7.200	7.200
机械	990503010	电动单筒慢速卷扬机 10kN	台班	0.120	0.120	0.120	0.120

工作内容：运料、割料、安装、捆扎、修理整平、抹缝（或塞缝）。 **计量单位：**m³

编号				12-10-13	12-10-14	12-10-15	12-10-16
项目				管道*DN*50 以下（厚度 mm 以内）			
				30	40	60	80
名称			单位	消耗量			
人工	000203000	综合二类工	工日	5.391	4.351	3.163	2.274
材料	150001001	硬质制品	m³	（1.060）	（1.060）	（1.060）	（1.060）
	151901001	硅藻土粉 生料	kg	63.750	63.750	63.750	63.750
	341101001	水	m³	0.100	0.100	0.100	0.100
	031507016	镀锌铁丝 ϕ2.5～1.4	kg	4.500	4.500	4.300	4.300
机械	990503010	电动单筒慢速卷扬机 10kN	台班	0.120	0.120	0.120	0.120

工作内容：运料、割料、安装、捆扎、修理整平、抹缝（或塞缝）。 **计量单位：**m³

编号				12-10-17	12-10-18	12-10-19	12-10-20
项目				管道*DN*125 以下（厚度 mm 以内）			
				30	40	60	80
名称			单位	消耗量			
人工	000203000	综合二类工	工日	2.673	2.182	1.537	1.201
材料	150001001	硬质制品	m³	（1.060）	（1.060）	（1.060）	（1.060）
	151901001	硅藻土粉 生料	kg	63.750	63.750	63.750	63.750
	341101001	水	m³	0.100	0.100	0.100	0.100
	031507016	镀锌铁丝 ϕ2.5～1.4	kg	3.000	3.000	2.990	2.990
机械	990503010	电动单筒慢速卷扬机 10kN	台班	0.120	0.120	0.120	0.120

工作内容：运料、割料、安装、捆扎、修理整平、抹缝（或塞缝）。 **计量单位：**m³

编号				12-10-21	12-10-22	12-10-23	12-10-24
项目				管道*DN*300 以下（厚度 mm 以内）			
				30	40	60	80
名称			单位	消耗量			
人工	000203000	综合二类工	工日	2.376	1.930	1.421	1.041
材料	150001001	硬质制品	m³	（1.060）	（1.060）	（1.060）	（1.060）
	151901001	硅藻土粉 生料	kg	63.750	63.750	63.750	63.750
	341101001	水	m³	0.100	0.100	0.100	0.100
	031507016	镀锌铁丝 ϕ2.5～1.4	kg	3.150	3.150	3.150	3.150
机械	990503010	电动单筒慢速卷扬机 10kN	台班	0.120	0.120	0.120	0.120

工作内容：运料、割料、安装、捆扎、修理整平、抹缝（或塞缝）。 **计量单位：**m^3

编号				12-10-25	12-10-26	12-10-27	12-10-28
项目				管道*DN*500 以下（厚度 mm 以内）			
				30	40	60	80
名称			单位	消耗量			
人工	000203000	综合二类工	工日	2.151	1.746	1.281	0.938
材料	150001001	硬质制品	m^3	（1.060）	（1.060）	（1.060）	（1.060）
	151901001	硅藻土粉 生料	kg	63.750	63.750	63.750	63.750
	341101001	水	m^3	0.100	0.100	0.100	0.100
	031507016	镀锌铁丝 ϕ2.5～1.4	kg	3.110	3.110	3.110	3.110
机械	990503010	电动单筒慢速卷扬机 10kN	台班	0.120	0.120	0.120	0.120

工作内容：运料、割料、安装、捆扎、修理整平、抹缝（或塞缝）。 **计量单位：**m^3

编号				12-10-29	12-10-30	12-10-31	12-10-32
项目				管道*DN*700 以下（厚度 mm 以内）			
				30	40	60	80
名称			单位	消耗量			
人工	000203000	综合二类工	工日	1.948	1.586	1.171	0.864
材料	150001001	硬质制品	m^3	（1.060）	（1.060）	（1.060）	（1.060）
	151901001	硅藻土粉 生料	kg	63.750	63.750	63.750	63.750
	341101001	水	m^3	0.100	0.100	0.100	0.100
	031507016	镀锌铁丝 ϕ2.5～1.4	kg	3.100	3.100	3.100	3.100
机械	990503010	电动单筒慢速卷扬机 10kN	台班	0.120	0.120	0.120	0.120

二、泡沫玻璃制品安装

工作内容：运料、割料、粘接、安装、捆扎、抹缝、修理找平。 **计量单位：**m^3

编号				12-10-33	12-10-34	12-10-35	12-10-36
项目				立式设备（厚度 mm 以内）			
				30	40	60	80
名称			单位	消耗量			
人工	000203000	综合二类工	工日	4.859	4.007	2.983	2.304
材料	151500001	泡沫玻璃制品	m^3	（1.060）	（1.060）	（1.060）	（1.060）
	144100003	胶粘剂	kg	（25.000）	（25.000）	（25.000）	（25.000）
	031507016	镀锌铁丝 ϕ2.5～1.4	kg	6.610	6.610	6.610	6.610
机械	990503010	电动单筒慢速卷扬机 10kN	台班	0.120	0.120	0.120	0.120

工作内容：运料、割料、粘接、安装、捆扎、抹缝、修理找平。　　计量单位：m³

编　号				12-10-37	12-10-38	12-10-39	12-10-40
项　目				卧式设备（厚度 mm 以内）			
				30	40	60	80
名　称			单位	消　耗　量			
人工	000203000	综合二类工	工日	6.091	5.018	3.731	2.875
材料	151500001	泡沫玻璃制品	m^3	（1.060）	（1.060）	（1.060）	（1.060）
	144100003	胶粘剂	kg	（25.000）	（25.000）	（25.000）	（25.000）
	031507016	镀锌铁丝 $\phi 2.5 \sim 1.4$	kg	6.610	6.610	6.610	6.610
机械	990503010	电动单筒慢速卷扬机 10kN	台班	0.120	0.120	0.120	0.120

工作内容：运料、割料、粘接、安装、捆扎、抹缝、修理找平。　　计量单位：m³

编　号				12-10-41	12-10-42	12-10-43	12-10-44
项　目				球形设备（厚度 mm 以内）			
				30	40	60	80
名　称			单位	消　耗　量			
人工	000203000	综合二类工	工日	7.517	6.281	4.657	3.811
材料	151500001	泡沫玻璃制品	m^3	（1.060）	（1.060）	（1.060）	（1.060）
	144100003	胶粘剂	kg	（30.000）	（30.000）	（30.000）	（30.000）
	031507016	镀锌铁丝 $\phi 2.5 \sim 1.4$	kg	7.800	7.800	7.800	7.800
机械	990503010	电动单筒慢速卷扬机 10kN	台班	0.120	0.120	0.120	0.120

工作内容：运料、割料、粘接、安装、捆扎、抹缝、修理找平。　　计量单位：m³

编　号				12-10-45	12-10-46	12-10-47	12-10-48
项　目				管道 *DN*50 以下（厚度 mm 以内）			
				30	40	60	80
名　称			单位	消　耗　量			
人工	000203000	综合二类工	工日	8.617	6.918	5.031	3.523
材料	151500001	泡沫玻璃制品	m^3	（1.060）	（1.060）	（1.060）	（1.060）
	144100003	胶粘剂	kg	（57.480）	（45.280）	（27.590）	（20.880）
	031507016	镀锌铁丝 $\phi 2.5 \sim 1.4$	kg	4.500	4.500	4.500	4.500
机械	990503010	电动单筒慢速卷扬机 10kN	台班	0.120	0.120	0.120	0.120

工作内容：运料、割料、粘接、安装、捆扎、抹缝、修理找平。 计量单位：m^3

编号				12-10-49	12-10-50	12-10-51	12-10-52
项目				管道DN125以下（厚度mm以内）			
				30	40	60	80
名称			单位	消耗量			
人工	000203000	综合二类工	工日	5.733	4.632	3.363	2.433
材料	151500001	泡沫玻璃制品	m^3	（1.060）	（1.060）	（1.060）	（1.060）
	144100003	胶粘剂	kg	（51.490）	（40.880）	（26.350）	（19.660）
	031507016	镀锌铁丝 ϕ2.5～1.4	kg	2.950	2.950	2.950	2.950
机械	990503010	电动单筒慢速卷扬机 10kN	台班	0.120	0.120	0.120	0.120

工作内容：运料、割料、粘接、安装、捆扎、抹缝、修理找平。 计量单位：m^3

编号				12-10-53	12-10-54	12-10-55	12-10-56
项目				管道DN300以下（厚度mm以内）			
				30	40	60	80
名称			单位	消耗量			
人工	000203000	综合二类工	工日	5.042	4.080	2.979	2.156
材料	151500001	泡沫玻璃制品	m^3	（1.060）	（1.060）	（1.060）	（1.060）
	144100003	胶粘剂	kg	（50.275）	（39.810）	（24.450）	（18.880）
	031507016	镀锌铁丝 ϕ2.5～1.4	kg	3.110	3.110	3.110	3.110
机械	990503010	电动单筒慢速卷扬机 10kN	台班	0.120	0.120	0.120	0.120

工作内容：运料、割料、粘接、安装、捆扎、抹缝、修理找平。 计量单位：m^3

编号				12-10-57	12-10-58	12-10-59	12-10-60
项目				管道DN500以下（厚度mm以内）			
				30	40	60	80
名称			单位	消耗量			
人工	000203000	综合二类工	工日	4.495	3.689	2.692	2.078
材料	151500001	泡沫玻璃制品	m^3	（1.060）	（1.060）	（1.060）	（1.060）
	144100003	胶粘剂	kg	（49.665）	（39.240）	（24.930）	（18.390）
	031507016	镀锌铁丝 ϕ2.5～1.4	kg	3.250	3.250	3.250	3.250
机械	990503010	电动单筒慢速卷扬机 10kN	台班	0.120	0.120	0.120	0.120

工作内容：运料、割料、粘接、安装、捆扎、抹缝、修理找平。 计量单位：m^3

编号				12-10-61	12-10-62	12-10-63	12-10-64
项目				管道DN700以下（厚度mm以内）			
				30	40	60	80
名称			单位	消耗量			
人工	000203000	综合二类工	工日	3.087	2.500	1.833	1.328
材料	151500001	泡沫玻璃制品	m^3	（1.060）	（1.060）	（1.060）	（1.060）
	144100003	胶粘剂	kg	（48.535）	（38.310）	（24.260）	（17.860）
	031507016	镀锌铁丝 ϕ2.5～1.4	kg	6.000	6.000	6.000	6.000
机械	990503010	电动单筒慢速卷扬机 10kN	台班	0.120	0.120	0.120	0.120

三、泡沫塑料制品安装

工作内容：运料、下料、安装、粘接、捆扎、修理找平。 计量单位：m^3

编号				12-10-65	12-10-66	12-10-67	12-10-68
项目				立式设备（厚度mm以内）			
				30	40	60	80
名称			单位	消耗量			
人工	000203000	综合二类工	工日	2.834	2.337	1.741	1.343
材料	151311005	泡沫塑料制品	m^3	（1.030）	（1.030）	（1.030）	（1.030）
	144100003	胶粘剂	kg	（25.000）	（25.000）	（25.000）	（25.000）
	031507018	镀锌铁丝 ϕ2.8～4.0	kg	6.500	6.500	6.500	6.500
机械	990503010	电动单筒慢速卷扬机 10kN	台班	0.120	0.120	0.120	0.120

工作内容：运料、下料、安装、粘接、捆扎、修理找平。 计量单位：m^3

编号				12-10-69	12-10-70	12-10-71	12-10-72
项目				卧式设备（厚度mm以内）			
				30	40	60	80
名称			单位	消耗量			
人工	000203000	综合二类工	工日	3.554	2.928	2.176	1.677
材料	151311005	泡沫塑料制品	m^3	（1.030）	（1.030）	（1.030）	（1.030）
	144100003	胶粘剂	kg	（25.000）	（25.000）	（25.000）	（25.000）
	031507018	镀锌铁丝 ϕ2.8～4.0	kg	6.610	6.610	6.610	6.610
机械	990503010	电动单筒慢速卷扬机 10kN	台班	0.120	0.120	0.120	0.120

工作内容：运料、下料、安装、粘接、捆扎、修理找平。 **计量单位：**m^3

编号				12-10-73	12-10-74	12-10-75	12-10-76
项目				球形设备（厚度 mm 以内）			
				30	40	60	80
名称			单位	消耗量			
人工	000203000	综合二类工	工日	4.385	3.664	2.715	2.224
材料	151311005	泡沫塑料制品	m^3	（1.060）	（1.060）	（1.060）	（1.060）
	144100003	胶粘剂	kg	（30.000）	（30.000）	（30.000）	（30.000）
	031507018	镀锌铁丝 ϕ2.8～4.0	kg	6.610	6.610	6.610	6.610
机械	990503010	电动单筒慢速卷扬机 10kN	台班	0.120	0.120	0.120	0.120

工作内容：运料、下料、安装、粘接、捆扎、修理找平。 **计量单位：**m^3

编号				12-10-77	12-10-78	12-10-79	12-10-80
项目				管道*DN*50 以下（厚度 mm 以内）			
				30	40	60	80
名称			单位	消耗量			
人工	000203000	综合二类工	工日	5.026	4.035	2.936	2.057
材料	151311005	泡沫塑料制品	m^3	（1.030）	（1.030）	（1.030）	（1.030）
	144100003	胶粘剂	kg	（57.480）	（45.280）	（27.590）	（20.880）
	031507016	镀锌铁丝 ϕ2.5～1.4	kg	4.300	4.300	4.300	4.300
机械	990503010	电动单筒慢速卷扬机 10kN	台班	0.120	0.120	0.120	0.120

工作内容：运料、下料、安装、粘接、捆扎、修理找平。 **计量单位：**m^3

编号				12-10-81	12-10-82	12-10-83	12-10-84
项目				管道*DN*125 以下（厚度 mm 以内）			
				30	40	60	80
名称			单位	消耗量			
人工	000203000	综合二类工	工日	3.345	2.703	1.963	1.420
材料	151311005	泡沫塑料制品	m^3	（1.030）	（1.030）	（1.030）	（1.030）
	144100003	胶粘剂	kg	（51.490）	（40.880）	（26.350）	（19.660）
	031507016	镀锌铁丝 ϕ2.5～1.4	kg	2.930	2.930	2.930	2.930
机械	990503010	电动单筒慢速卷扬机 10kN	台班	0.120	0.120	0.120	0.120

工作内容：运料、下料、安装、粘接、捆扎、修理找平。 **计量单位：**m³

编号				12-10-85	12-10-86	12-10-87	12-10-88
项目				管道DN300以下（厚度mm以内）			
				30	40	60	80
名称			单位	消耗量			
人工	000203000	综合二类工	工日	2.943	2.381	1.737	1.259
材料	151311005	泡沫塑料制品	m³	（1.030）	（1.030）	（1.030）	（1.030）
	144100003	胶粘剂	kg	（50.275）	（39.810）	（25.450）	（18.880）
	031507016	镀锌铁丝 ϕ2.5～1.4	kg	3.110	3.110	3.110	3.110
机械	990503010	电动单筒慢速卷扬机 10kN	台班	0.120	0.120	0.120	0.120

工作内容：运料、下料、安装、粘接、捆扎、修理找平。 **计量单位：**m³

编号				12-10-89	12-10-90	12-10-91	12-10-92
项目				管道DN500以下（厚度mm以内）			
				30	40	60	80
名称			单位	消耗量			
人工	000203000	综合二类工	工日	2.621	2.152	1.569	1.213
材料	151311005	泡沫塑料制品	m³	（1.030）	（1.030）	（1.030）	（1.030）
	144100003	胶粘剂	kg	（49.665）	（39.240）	（24.930）	（18.390）
	031507016	镀锌铁丝 ϕ2.5～1.4	kg	3.240	3.240	3.240	3.240
机械	990503010	电动单筒慢速卷扬机 10kN	台班	0.120	0.120	0.120	0.120

工作内容：运料、下料、安装、粘接、捆扎、修理找平。 **计量单位：**m³

编号				12-10-93	12-10-94	12-10-95	12-10-96
项目				管道DN700以下（厚度mm以内）			
				30	40	60	80
名称			单位	消耗量			
人工	000203000	综合二类工	工日	1.800	1.459	1.069	0.776
材料	151311005	泡沫塑料制品	m³	（1.030）	（1.030）	（1.030）	（1.030）
	144100003	胶粘剂	kg	（38.310）	（31.420）	（24.260）	（17.860）
	031507018	镀锌铁丝 ϕ2.8～4.0	kg	3.600	3.600	3.600	3.600
机械	990503010	电动单筒慢速卷扬机 10kN	台班	0.120	0.120	0.120	0.120

工作内容：运料、下料、安装、粘接、捆扎、修理找平。 计量单位：m^3

编号				12-10-97	12-10-98	12-10-99	12-10-100	12-10-101
项目				矩形管道（厚度 mm 以内）				
				30	40	50	60	80
名称			单位	消耗量				
人工	000203000	综合二类工	工日	1.792	1.716	1.370	1.266	0.911
材料	151311005	泡沫塑料制品	m^3	（1.060）	（1.060）	（1.060）	（1.060）	（1.060）
	144100003	胶粘剂	kg	（25.000）	（25.000）	（25.000）	（25.000）	（25.000）
	182519033	铁皮箍	kg	3.300	3.150	3.000	2.850	2.700
	012901004	热轧薄钢板 δ0.5～1.0	kg	4.400	4.200	4.000	3.800	3.600
机械	990503010	电动单筒慢速卷扬机 10kN	台班	0.120	0.120	0.120	0.120	0.120

四、纤维类制品安装

工作内容：运料、下料、开口、安装、捆扎、修理找平。 计量单位：m^3

编号				12-10-102	12-10-103	12-10-104	12-10-105
项目				立式设备（厚度 mm 以内）			
				30	40	60	80
名称			单位	消耗量			
人工	000203000	综合二类工	工日	1.496	1.226	0.906	0.686
材料	152307004	纤维毡类制品	m^3	（1.030）	（1.030）	（1.030）	（1.030）
	031507018	镀锌铁丝 ϕ2.8～4.0	kg	12.166	11.613	11.060	10.507
机械	990503010	电动单筒慢速卷扬机 10kN	台班	0.120	0.120	0.120	0.120

工作内容：运料、下料、开口、安装、捆扎、修理找平。 计量单位：m^3

编号				12-10-106	12-10-107	12-10-108	12-10-109
项目				卧式设备（厚度 mm 以内）			
				30	40	60	80
名称			单位	消耗量			
人工	000203000	综合二类工	工日	1.600	1.312	0.967	0.735
材料	152307004	纤维毡类制品	m^3	（1.030）	（1.030）	（1.030）	（1.030）
	031507018	镀锌铁丝 ϕ2.8～4.0	kg	12.166	11.613	11.060	10.507
机械	990503010	电动单筒慢速卷扬机 10kN	台班	0.120	0.120	0.120	0.120

工作内容：运料、下料、开口、安装、捆扎、修理找平。　　　　计量单位：m^3

编　号				12-10-110	12-10-111	12-10-112	12-10-113
项　目				球形设备（厚度 mm 以内）			
				30	40	60	80
名　称			单位	消　耗　量			
人工	000203000	综合二类工	工日	1.743	1.426	1.055	0.796
材料	152307004	纤维毡类制品	m^3	（1.030）	（1.030）	（1.030）	（1.030）
	031507018	镀锌铁丝 ϕ2.8～4.0	kg	20.020	19.110	18.820	17.290
机械	990503010	电动单筒慢速卷扬机 10kN	台班	0.120	0.120	0.120	0.120

工作内容：运料、下料、开口、安装、捆扎、修理找平。　　　　计量单位：m^3

编　号				12-10-114	12-10-115	12-10-116	12-10-117
项　目				管道*DN*50 以下（厚度 mm 以内）			
				30	40	60	80
名　称			单位	消　耗　量			
人工	000203000	综合二类工	工日	4.299	3.451	2.415	1.753
材料	152307005	纤维管壳制品	m^3	（1.030）	（1.030）	（1.030）	（1.030）
	031507016	镀锌铁丝 ϕ2.5～1.4	kg	4.675	4.462	4.250	3.825
机械	990503010	电动单筒慢速卷扬机 10kN	台班	0.120	0.120	0.120	0.120

工作内容：运料、下料、开口、安装、捆扎、修理找平。　　　　计量单位：m^3

编　号				12-10-118	12-10-119	12-10-120	12-10-121
项　目				管道*DN*125 以下（厚度 mm 以内）			
				30	40	60	80
名　称			单位	消　耗　量			
人工	000203000	综合二类工	工日	2.069	1.679	1.233	0.900
材料	152307005	纤维管壳制品	m^3	（1.030）	（1.030）	（1.030）	（1.030）
	031507016	镀锌铁丝 ϕ2.5～1.4	kg	3.190	3.040	2.900	2.750
机械	990503010	电动单筒慢速卷扬机 10kN	台班	0.120	0.120	0.120	0.120

工作内容：运料、下料、开口、安装、捆扎、修理找平。　　　　计量单位：m^3

编　号				12-10-122	12-10-123	12-10-124	12-10-125
项　目				管道*DN*300 以下（厚度 mm 以内）			
				30	40	60	80
名　称			单位	消　耗　量			
人工	000203000	综合二类工	工日	1.823	1.483	1.098	0.804
材料	152307005	纤维管壳制品	m^3	（1.030）	（1.030）	（1.030）	（1.030）
	031507016	镀锌铁丝 ϕ2.5～1.4	kg	3.220	3.070	2.930	2.780
机械	990503010	电动单筒慢速卷扬机 10kN	台班	0.120	0.120	0.120	0.120

工作内容：运料、下料、开口、安装、捆扎、修理找平。　　　　**计量单位：**m^3

编号				12-10-126	12-10-127	12-10-128	12-10-129
项目				管道DN500以下（厚度mm以内）			
				30	40	60	80
名称			单位	消耗量			
人工	000203000	综合二类工	工日	1.705	1.398	1.047	0.783
材料	152307004	纤维毡类制品	m^3	（1.030）	（1.030）	（1.030）	（1.030）
	031507018	镀锌铁丝 ϕ2.8～4.0	kg	4.290	4.090	3.900	3.700
机械	990503010	电动单筒慢速卷扬机 10kN	台班	0.120	0.120	0.120	0.120

工作内容：运料、下料、开口、安装、捆扎、修理找平。　　　　**计量单位：**m^3

编号				12-10-130	12-10-131	12-10-132	12-10-133
项目				管道DN700以下（厚度mm以内）			
				30	40	60	80
名称			单位	消耗量			
人工	000203000	综合二类工	工日	1.548	1.275	0.962	0.730
材料	152307004	纤维毡类制品	m^3	（1.030）	（1.030）	（1.030）	（1.030）
	031507018	镀锌铁丝 ϕ2.8～4.0	kg	4.290	4.090	3.900	3.700
机械	990503010	电动单筒慢速卷扬机 10kN	台班	0.120	0.120	0.120	0.120

工作内容：运料、下料、开口、安装、捆扎、修理找平。　　　　**计量单位：**m^3

编号				12-10-134	12-10-135	12-10-136	12-10-137	12-10-138
项目				矩形管道（厚度mm以内）				
				30	40	50	60	80
名称			单位	消耗量				
人工	000203000	综合二类工	工日	1.535	1.371	1.174	1.085	0.783
材料	152307004	纤维毡类制品	m^3	（1.050）	（1.050）	（1.050）	（1.050）	（1.050）
	012901004	热轧薄钢板 δ0.5～1.0	kg	4.400	4.200	4.000	3.800	3.600
	182519033	铁皮箍	kg	3.300	3.150	3.000	2.850	2.700
机械	990503010	电动单筒慢速卷扬机 10kN	台班	0.120	0.120	0.120	0.120	0.120

工作内容：运料、下料、开口、安装、捆扎、修理找平。 计量单位：m^3

编号				12-10-139	12-10-140	12-10-141	12-10-142	12-10-143
项目				散状材料管道直径（mm 以内）				
				50	125	300	500	700
名称			单位	消耗量				
人工	000203000	综合二类工	工日	2.095	1.312	1.249	1.196	1.140
材料	152307006	纤维类散状材料	m^3	（1.030）	（1.030）	（1.030）	（1.030）	（1.030）
	031507016	镀锌铁丝 ϕ2.5～1.4	kg	3.580	3.580	3.900	3.900	—
	031507018	镀锌铁丝 ϕ2.8～4.0	kg	—	—	—	—	6.100
机械	990503010	电动单筒慢速卷扬机 10kN	台班	0.120	0.120	0.120	0.120	0.120

五、棉席（被）类制品安装

工作内容：运料、下料、安装、捆扎、修理找平。 计量单位：m^3

编号				12-10-144	12-10-145	12-10-146	12-10-147
项目				阀门			
				*DN*300 以下（厚度 mm 以内）		*DN*500 以下（厚度 mm 以内）	
				50	80	50	80
名称			单位	消耗量			
人工	000203000	综合二类工	工日	12.316	10.810	12.316	10.852
材料	022707001	棉席被类制品	m^3	（1.050）	（1.050）	（1.050）	（1.050）
	031507016	镀锌铁丝 ϕ2.5～1.4	kg	8.500	8.500	10.000	10.000
机械	990503010	电动单筒慢速卷扬机 10kN	台班	0.120	0.120	0.120	0.120

工作内容：运料、下料、安装、捆扎、修理找平。 计量单位：m^3

编号				12-10-148	12-10-149	12-10-150	12-10-151
项目				阀门			
				*DN*700 以下（厚度 mm 以内）		*DN*1000 以下（厚度 mm 以内）	
				50	80	50	80
名称			单位	消耗量			
人工	000203000	综合二类工	工日	10.877	9.584	9.779	8.609
材料	022707001	棉席被类制品	m^3	（1.050）	（1.050）	（1.050）	（1.050）
	031507016	镀锌铁丝 ϕ2.5～1.4	kg	10.660	10.660	11.300	11.300
机械	990503010	电动单筒慢速卷扬机 10kN	台班	0.120	0.120	0.120	0.120

工作内容：运料、下料、安装、捆扎、修理找平。 计量单位：m^3

编号				12-10-152	12-10-153	12-10-154	12-10-155
项目				法兰			
				*D*300 以下（厚度 mm 以内）		*DN*500 以下（厚度 mm 以内）	
				50	80	50	80
名称			单位	消耗量			
人工	000203000	综合二类工	工日	15.068	13.267	11.931	10.509
材料	022707001	棉席被类制品	m^3	（1.050）	（1.050）	（1.050）	（1.050）
	031507016	镀锌铁丝 ϕ2.5～1.4	kg	10.600	10.600	10.600	10.600
机械	990503010	电动单筒慢速卷扬机 10kN	台班	0.120	0.120	0.120	0.120

工作内容：运料、下料、安装、捆扎、修理找平。 计量单位：m^3

编号				12-10-156	12-10-157	12-10-158	12-10-159
项目				法兰			
				*DN*700 以下（厚度 mm 以内）		*DN*1000 以下（厚度 mm 以内）	
				50	80	50	80
名称			单位	消耗量			
人工	000203000	综合二类工	工日	11.398	9.866	10.828	9.541
材料	022707001	棉席被类制品	m^3	（1.030）	（1.030）	（1.030）	（1.030）
	031507016	镀锌铁丝 ϕ2.5～1.4	kg	10.600	10.600	10.660	10.660
机械	990503010	电动单筒慢速卷扬机 10kN	台班	0.120	0.120	0.120	0.120

六、聚氨酯泡沫喷涂发泡安装

工作内容：运料、现场施工准备、配料、喷涂、修理找平、设备机具修理。 计量单位：m^3

编号				12-10-160	12-10-161	12-10-162
项目				立式设备（厚度 mm）		
				≤ 50	≤ 100	> 100
名称			单位	消耗量		
人工	000203000	综合二类工	工日	2.347	2.255	2.054
材料	151303004	可发性聚氨酯泡沫塑料	kg	（62.500）	（62.500）	（62.500）
	143315001	丙酮	kg	5.000	5.000	5.000
	340907001	毛刷	把	6.695	6.695	6.695
机械	991003040	电动空气压缩机 $3m^3/min$	台班	0.400	0.400	0.400
	991263010	喷涂机	台班	0.400	0.400	0.400

工作内容：运料、现场施工准备、配料、喷涂、修理找平、设备机具修理。 **计量单位：**m³

编号				12-10-163	12-10-164	12-10-165
项目				卧式设备（厚度 mm）		
				≤50	≤100	>100
名称			单位	消耗量		
人工	000203000	综合二类工	工日	2.672	2.444	2.230
材料	151303004	可发性聚氨酯泡沫塑料	kg	（62.500）	（62.500）	（62.500）
	143315001	丙酮	kg	5.000	5.000	5.000
	340907001	毛刷	把	6.695	6.695	6.695
机械	991003040	电动空气压缩机 3m³/min	台班	0.400	0.400	0.400
	991263010	喷涂机	台班	0.400	0.400	0.400

工作内容：运料、现场施工准备、配料、喷涂、修理找平、设备机具修理。 **计量单位：**m³

编号				12-10-166	12-10-167	12-10-168
项目				球形设备（厚度 mm）		
				≤50	≤100	>100
名称			单位	消耗量		
人工	000203000	综合二类工	工日	2.672	2.444	2.230
材料	151303004	可发性聚氨酯泡沫塑料	kg	（62.500）	（62.500）	（62.500）
	143315001	丙酮	kg	5.000	5.000	5.000
	340907001	毛刷	把	6.695	6.695	6.695
机械	991003040	电动空气压缩机 3m³/min	台班	0.400	0.400	0.400
	991263010	喷涂机	台班	0.400	0.400	0.400

工作内容：运料、现场施工准备、配料、喷涂、修理找平、设备机具修理。 **计量单位：**m³

编号				12-10-169	12-10-170	12-10-171
项目				管道（厚度 mm 以内）		
				*DN*50		
				40	60	80
名称			单位	消耗量		
人工	000203000	综合二类工	工日	5.293	4.444	5.233
材料	151303004	可发性聚氨酯泡沫塑料	kg	（62.300）	（62.300）	（62.300）
	172511002	高密度聚乙烯管壳 δ3	kg	（110.290）	（78.010）	（51.690）
	012901004	热轧薄钢板 δ0.5～1.0	kg	3.500	3.500	3.500
	143315001	丙酮	kg	5.000	5.000	5.000
机械	991003040	电动空气压缩机 3m³/min	台班	0.420	0.420	0.420
	991263010	喷涂机	台班	0.420	0.420	0.420

工作内容： 运料、现场施工准备、配料、喷涂、修理找平、设备机具修理。 **计量单位：** m^3

编号				12-10-172	12-10-173	12-10-174
项目				管道（厚度 mm 以内）		
				*DN*125		
				40	60	80
名称			单位	消耗量		
人工	000203000	综合二类工	工日	4.117	2.941	3.781
材料	151303004	可发性聚氨酯泡沫塑料	kg	（62.300）	（62.300）	（62.300）
	172511002	高密度聚乙烯管壳 δ3	kg	（94.700）	（66.930）	（44.470）
	143315001	丙酮	kg	5.000	5.000	5.000
	012901004	热轧薄钢板 δ0.5～1.0	kg	4.000	4.000	4.000
机械	991003040	电动空气压缩机 $3m^3/min$	台班	0.400	0.400	0.400
	991263010	喷涂机	台班	0.400	0.400	0.400

工作内容： 运料、现场施工准备、配料、喷涂、修理找平、设备机具修理。 **计量单位：** m^3

编号				12-10-175	12-10-176	12-10-177
项目				管道（厚度 mm 以内）		
				*DN*300		
				40	60	80
名称			单位	消耗量		
人工	000203000	综合二类工	工日	1.895	1.307	0.915
材料	151303004	可发性聚氨酯泡沫塑料	kg	（62.300）	（62.300）	（62.300）
	172511002	高密度聚乙烯管壳 δ3	kg	（141.770）	（98.240）	（63.300）
	143315001	丙酮	kg	5.500	5.500	5.500
	012901004	热轧薄钢板 δ0.5～1.0	kg	5.500	5.500	5.500
机械	991003040	电动空气压缩机 $3m^3/min$	台班	0.380	0.380	0.380
	991263010	喷涂机	台班	0.380	0.380	0.380

工作内容： 运料、现场施工准备、配料、喷涂、修理找平、设备机具修理。 **计量单位：** m^3

编号				12-10-178	12-10-179	12-10-180
项目				管道（厚度 mm 以内）		
				*DN*500		
				40	60	80
名称			单位	消耗量		
人工	000203000	综合二类工	工日	1.436	1.046	0.783
材料	151303004	可发性聚氨酯泡沫塑料	kg	（62.300）	（62.300）	（62.300）
	172511002	高密度聚乙烯管壳 δ3	kg	（135.640）	（93.000）	（58.820）
	143315001	丙酮	kg	5.500	5.500	5.500
	012901004	热轧薄钢板 δ0.5～1.0	kg	6.000	6.000	6.000
机械	991003040	电动空气压缩机 $3m^3/min$	台班	0.360	0.360	0.360
	991263010	喷涂机	台班	0.360	0.360	0.360

工作内容：运料、现场施工准备、配料、喷涂、修理找平、设备机具修理。 计量单位：m^3

编号				12-10-181	12-10-182	12-10-183
项目				管道（厚度 mm 以内）		
				*DN*700		
				40	60	80
名称			单位	消耗量		
人工	000203000	综合二类工	工日	1.372	0.783	0.262
材料	151303004	可发性聚氨酯泡沫塑料	kg	（62.300）	（62.300）	（62.300）
	172511002	高密度聚乙烯管壳 δ3	kg	（132.890）	（90.580）	（56.700）
	143315001	丙酮	kg	5.000	5.000	5.000
	012901004	热轧薄钢板 δ0.5～1.0	kg	6.000	6.000	6.000
机械	991003040	电动空气压缩机 $3m^3/min$	台班	0.360	0.360	0.360
	991263010	喷涂机	台班	0.360	0.360	0.360

七、聚氨酯泡沫喷涂发泡补口安装

工作内容：运料、现场施工准备、配料、喷涂、修理找平、设备机具修理。 计量单位：1个口

编号				12-10-184	12-10-185	12-10-186
项目				管道（厚度 mm 以内）		
				*DN*50		
				40	60	80
名称			单位	消耗量		
人工	000203000	综合二类工	工日	0.166	0.174	0.181
材料	151303004	可发性聚氨酯泡沫塑料	kg	（0.188）	（0.281）	（0.374）
	172511002	高密度聚乙烯管壳 δ3	kg	（0.343）	（0.515）	（0.686）
	143315001	丙酮	kg	0.014	0.021	0.029
	012901004	热轧薄钢板 δ0.5～1.0	kg	0.010	0.015	0.020

工作内容： 运料、现场施工准备、配料、喷涂、修理找平、设备机具修理。 **计量单位：** 1个口

编号				12-10-187	12-10-188	12-10-189
项目				管道（厚度mm以内）		
				*DN*125		
				40	60	80
名称			单位	消耗量		
人工	000203000	综合二类工	工日	0.174	0.181	0.188
材料	151303004	可发性聚氨酯泡沫塑料	kg	（0.437）	（0.656）	（0.874）
	172511002	高密度聚乙烯管壳 δ3	kg	（0.800）	（1.201）	（1.601）
	143315001	丙酮	kg	0.033	0.050	0.067
	012901004	热轧薄钢板 δ0.5～1.0	kg	0.023	0.035	0.047

工作内容： 运料、现场施工准备、配料、喷涂、修理找平、设备机具修理。 **计量单位：** 1个口

编号				12-10-190	12-10-191	12-10-192
项目				管道（厚度mm以内）		
				*DN*300		
				40	60	80
名称			单位	消耗量		
人工	000203000	综合二类工	工日	0.201	0.208	0.216
材料	151303004	可发性聚氨酯泡沫塑料	kg	（1.069）	（1.603）	（2.138）
	172511002	高密度聚乙烯管壳 δ3	kg	（1.956）	（2.934）	（3.912）
	143315001	丙酮	kg	0.082	0.123	0.163
	012901004	热轧薄钢板 δ0.5～1.0	kg	0.057	0.086	0.114

工作内容： 运料、现场施工准备、配料、喷涂、修理找平、设备机具修理。 **计量单位：** 1个口

编号				12-10-193	12-10-194	12-10-195
项目				管道（厚度mm以内）		
				*DN*500		
				40	60	80
名称			单位	消耗量		
人工	000203000	综合二类工	工日	0.207	0.216	0.223
材料	151303004	可发性聚氨酯泡沫塑料	kg	（2.614）	（3.921）	（5.228）
	172511002	高密度聚乙烯管壳 δ3	kg	（4.784）	（7.177）	（9.569）
	143315001	丙酮	kg	0.200	0.300	0.400
	012901004	热轧薄钢板 δ0.5～1.0	kg	0.140	0.210	0.280

工作内容：运料、现场施工准备、配料、喷涂、修理找平、设备机具修理。 **计量单位：**1 个口

编号				12-10-196	12-10-197	12-10-198
项目				管道（厚度 mm 以内）		
				*DN*700		
				40	60	80
名称			单位	消耗量		
人工	000203000	综合二类工	工日	0.227	0.237	0.245
材料	151303004	可发性聚氨酯泡沫塑料	kg	（3.551）	（5.326）	（7.102）
	172511002	高密度聚乙烯管壳 δ3	kg	（6.500）	（9.749）	（12.999）
	143315001	丙酮	kg	0.271	0.407	0.543
	012901004	热轧薄钢板 δ0.5～1.0	kg	0.190	0.285	0.380

八、涂抹类材料安装

工作内容：运料、搅拌均匀、涂抹安装、找平压光。 **计量单位：**10m²

编号				12-10-199	12-10-200	12-10-201	12-10-202
项目				硅酸盐涂抹料			
				设备（厚度 mm 以内）			
				20	40	60	80
名称			单位	消耗量			
人工	000203000	综合二类工	工日	1.869	2.133	2.549	2.573
材料	130507012	硅酸盐涂抹料	m³	（0.203）	（0.406）	（0.609）	（0.816）
	341101001	水	m³	0.200	0.400	0.600	0.800
机械	990503010	电动单筒慢速卷扬机 10kN	台班	0.200	0.200	0.200	0.200

工作内容：运料、搅拌均匀、涂抹安装、找平压光。 **计量单位：**m³

编号				12-10-203	12-10-204	12-10-205	12-10-206
项目				保温膏涂抹料			
				设备（厚度 mm 以内）			
				30	40	50	50 以上
名称			单位	消耗量			
人工	000203000	综合二类工	工日	2.504	2.178	2.137	1.831
材料	130519001	保温膏	m³	（1.040）	（1.040）	（1.040）	（1.040）
	340907001	毛刷	把	0.030	0.030	0.030	0.030
机械	990610010	灰浆搅拌机 200L	台班	0.045	0.045	0.045	0.045

工作内容：运料、搅拌均匀、涂抹安装、找平压光。　　**计量单位**：$10m^2$

编　号				12-10-207	12-10-208	12-10-209	12-10-210
项　目				硅酸盐涂抹料			
				管道（厚度 mm 以内）			
				20	40	60	80
名　称			单位	消　耗　量			
人工	000203000	综合二类工	工日	2.071	2.359	2.824	2.849
材料	130507012	硅酸盐涂抹料	m^3	（0.203）	（0.406）	（0.609）	（0.816）
	341101001	水	m^3	0.200	0.400	0.600	0.800
机械	990503010	电动单筒慢速卷扬机　10kN	台班	0.200	0.200	0.200	0.200

工作内容：运料、搅拌均匀、涂抹安装、找平压光。　　**计量单位**：$10m^2$

编　号				12-10-211	12-10-212	12-10-213	12-10-214
项　目				硅酸盐涂抹料			
				阀门（厚度 mm 以内）			
				20	40	60	80
名　称			单位	消　耗　量			
人工	000203000	综合二类工	工日	4.657	5.344	6.133	6.790
材料	130507012	硅酸盐涂抹料	m^3	（0.203）	（0.406）	（0.609）	（0.816）
	341101001	水	m^3	0.200	0.400	0.600	0.800
机械	990503010	电动单筒慢速卷扬机　10kN	台班	0.200	0.200	0.200	0.200

工作内容：运料、搅拌均匀、涂抹安装、找平压光。　　**计量单位**：$10m^2$

编　号				12-10-215	12-10-216	12-10-217	12-10-218
项　目				硅酸盐涂抹料			
				法兰（厚度 mm 以内）			
				20	40	60	80
名　称			单位	消　耗　量			
人工	000203000	综合二类工	工日	2.972	3.443	3.995	4.558
材料	130507012	硅酸盐涂抹料	m^3	（0.203）	（0.406）	（0.609）	（0.816）
	341101001	水	m^3	0.200	0.400	0.600	0.800
机械	990503010	电动单筒慢速卷扬机　10kN	台班	0.200	0.200	0.200	0.200

工作内容：运料、搅拌均匀、涂抹安装、找平压光。　　　　计量单位：m^3

编号				12-10-219	12-10-220	12-10-221	12-10-222
项目				保温膏涂抹料			
				管道公称直径（mm 以内）			
				50	125	400	400 以上
				涂抹厚度 50mm 以内			
名称			单位	消耗量			
人工	000203000	综合二类工	工日	14.332	8.833	5.119	3.422
材料	130519001	保温膏	m^3	（1.040）	（1.040）	（1.040）	（1.040）
	340907001	毛刷	把	0.300	0.300	0.300	0.300
机械	990610010	灰浆搅拌机 200L	台班	0.045	0.045	0.045	0.045

工作内容：运料、搅拌均匀、涂抹安装、找平压光。　　　　计量单位：m^3

编号				12-10-223	12-10-224	12-10-225	12-10-226
项目				保温膏涂抹料			
				管道公称直径（mm 以内）			
				50	125	400	400 以上
				涂抹厚度 50mm 以上			
名称			单位	消耗量			
人工	000203000	综合二类工	工日	11.099	6.844	3.966	2.597
材料	130519001	保温膏	m^3	（1.040）	（1.040）	（1.040）	（1.040）
	340907001	毛刷	把	0.300	0.300	0.300	0.300
机械	990610010	灰浆搅拌机 200L	台班	0.045	0.045	0.045	0.045

九、带铝箔离心玻璃棉安装

工作内容：运料、拆包、裁料、安装、贴缝、修理找平。　　　　计量单位：m^3

编号				12-10-227	12-10-228	12-10-229	12-10-230
项目				立式设备（厚度 mm 以内）			
				30	40	60	80
名称			单位	消耗量			
人工	000203000	综合二类工	工日	4.211	3.395	2.335	1.764
材料	152303001	铝箔离心玻璃棉板	m^3	（1.030）	（1.030）	（1.030）	（1.030）
	144303009	铝箔胶带 45mm 卷	卷	5.085	4.070	2.720	2.040
	031527005	割管刀片	片	1.200	1.200	1.200	1.200
	031507016	镀锌铁丝 ϕ2.5～1.4	kg	11.000	11.000	11.000	11.000
机械	990503010	电动单筒慢速卷扬机 10kN	台班	0.120	0.120	0.120	0.120

工作内容：运料、拆包、裁料、安装、贴缝、修理找平。 **计量单位**：m³

编号				12-10-231	12-10-232	12-10-233	12-10-234
项目				卧式设备（厚度 mm 以内）			
				30	40	60	80
名称			单位	消耗量			
人工	000203000	综合二类工	工日	4.583	3.739	2.647	2.054
材料	152303001	铝箔离心玻璃棉板	m³	（1.030）	（1.030）	（1.030）	（1.030）
	144303009	铝箔胶带 45mm 卷	卷	5.085	4.070	2.720	2.040
	031507016	镀锌铁丝 ϕ2.5～1.4	kg	11.000	11.000	11.000	11.000
	031527005	割管刀片	片	1.200	1.200	1.200	1.200
机械	990503010	电动单筒慢速卷扬机 10kN	台班	0.120	0.120	0.120	0.120

工作内容：运料、拆包、裁料、安装、贴缝、修理找平。 **计量单位**：m³

编号				12-10-235	12-10-236	12-10-237	12-10-238
项目				球式设备（厚度 mm 以内）			
				30	40	60	80
名称			单位	消耗量			
人工	000203000	综合二类工	工日	5.075	4.179	3.045	2.389
材料	152303001	铝箔离心玻璃棉板	m³	（1.050）	（1.050）	（1.050）	（1.050）
	144303009	铝箔胶带 45mm 卷	卷	5.555	4.450	2.990	2.240
	031507016	镀锌铁丝 ϕ2.5～1.4	kg	11.000	11.000	11.000	11.000
	031527005	割管刀片	片	1.200	1.200	1.200	1.200
机械	990503010	电动单筒慢速卷扬机 10kN	台班	0.120	0.120	0.120	0.120

工作内容：运料、拆包、裁料、安装、贴缝、修理找平。 **计量单位**：m³

编号				12-10-239	12-10-240	12-10-241	12-10-242
项目				管道（厚度 mm 以内）			
				*DN*50			
				30	40	60	80
名称			单位	消耗量			
人工	000203000	综合二类工	工日	4.257	3.413	2.433	1.727
材料	150709001	带铝箔离心玻璃棉管壳	m³	（1.030）	（1.030）	（1.030）	（1.030）
	144303009	铝箔胶带 45mm 卷	卷	5.085	3.960	2.430	1.710
	031527005	割管刀片	片	1.200	1.200	1.200	1.200
机械	990503010	电动单筒慢速卷扬机 10kN	台班	0.120	0.120	0.120	0.120

工作内容：运料、拆包、裁料、安装、贴缝、修理找平。 计量单位：m^3

编号				12-10-243	12-10-244	12-10-245	12-10-246
项目				管道（厚度 mm 以内）			
				DN125			
				30	40	60	80
名称			单位	消耗量			
人工	000203000	综合二类工	工日	2.554	2.054	1.533	1.055
材料	150709001	带铝箔离心玻璃棉管壳	m^3	（1.030）	（1.030）	（1.030）	（1.030）
	144303009	铝箔胶带 45mm 卷	卷	3.415	2.730	1.810	1.360
	031527005	割管刀片	片	1.200	1.200	1.200	1.200
机械	990503010	电动单筒慢速卷扬机 10kN	台班	0.120	0.120	0.120	0.120

工作内容：运料、拆包、裁料、安装、贴缝、修理找平。 计量单位：m^3

编号				12-10-247	12-10-248	12-10-249	12-10-250
项目				管道（厚度 mm 以内）			
				DN300			
				30	40	60	80
名称			单位	消耗量			
人工	000203000	综合二类工	工日	1.861	1.501	1.121	0.783
材料	150709001	带铝箔离心玻璃棉管壳	m^3	（1.030）	（1.030）	（1.030）	（1.030）
	144303009	铝箔胶带 45mm 卷	卷	2.505	2.040	1.430	1.110
	031527005	割管刀片	片	1.200	1.200	1.200	1.200
机械	990503010	电动单筒慢速卷扬机 10kN	台班	0.120	0.120	0.120	0.120

工作内容：运料、拆包、裁料、安装、贴缝、修理找平。 计量单位：m^3

编号				12-10-251	12-10-252	12-10-253	12-10-254
项目				管道（厚度 mm 以内）			
				DN500			
				30	40	60	80
名称			单位	消耗量			
人工	000203000	综合二类工	工日	1.645	1.348	0.993	0.755
材料	150709001	带铝箔离心玻璃棉管壳	m^3	（1.030）	（1.030）	（1.030）	（1.030）
	144303009	铝箔胶带 45mm 卷	卷	2.420	1.970	1.370	1.070
	031527005	割管刀片	片	1.200	1.200	1.200	1.200
机械	990503010	电动单筒慢速卷扬机 10kN	台班	0.120	0.120	0.120	0.120

工作内容：运料、拆包、裁料、安装、贴缝、修理找平。 **计量单位：**m^3

编号				12-10-255	12-10-256	12-10-257	12-10-258
项目				管道（厚度 mm 以内）			
				*DN*700			
				30	40	60	80
名称			单位	消耗量			
人工	000203000	综合二类工	工日	1.353	1.108	0.827	0.619
材料	150709001	带铝箔离心玻璃棉管壳	m^3	（1.030）	（1.030）	（1.030）	（1.030）
	144303009	铝箔胶带 45mm 卷	卷	2.505	2.040	1.420	1.110
	031527005	割管刀片	片	1.200	1.200	1.200	1.200
机械	990503010	电动单筒慢速卷扬机 10kN	台班	0.120	0.120	0.120	0.120

工作内容：运料、拆包、裁料、安装、贴缝、修理找平。 **计量单位：**10 个

编号				12-10-259	12-10-260	12-10-261	12-10-262	12-10-263
项目				阀门公称直径（mm 以内）				
				50	125	200	400	400 以上
名称			单位	消耗量				
人工	000203000	综合二类工	工日	0.779	1.696	4.663	9.560	11.997
材料	152303001	铝箔离心玻璃棉板	m^3	（0.030）	（0.110）	（0.320）	（0.910）	（2.520）
	144303009	铝箔胶带 45mm 卷	卷	0.430	0.540	0.600	0.750	1.550
	031507016	镀锌铁丝 ϕ2.5～1.4	kg	0.200	0.500	1.130	3.030	8.950
	031527005	割管刀片	片	0.500	0.500	0.500	0.500	0.500
机械	990503010	电动单筒慢速卷扬机 10kN	台班	0.010	0.010	0.010	0.010	0.010

工作内容：运料、拆包、裁料、安装、贴缝、修理找平。 **计量单位：**10 个

编号				12-10-264	12-10-265	12-10-266	12-10-267	12-10-268
项目				法兰公称直径（mm 以内）				
				50	125	200	400	400 以上
名称			单位	消耗量				
人工	000203000	综合二类工	工日	0.385	1.722	1.857	3.082	3.977
材料	152303001	铝箔离心玻璃棉板	m^3	（0.020）	（0.080）	（0.160）	（0.410）	（1.440）
	144303009	铝箔胶带 45mm 卷	卷	0.400	0.480	0.530	0.690	1.380
	031507016	镀锌铁丝 ϕ2.5～1.4	kg	0.280	0.720	0.950	1.620	5.100
	031527005	割管刀片	片	0.500	0.500	0.500	0.500	0.500
机械	990503010	电动单筒慢速卷扬机 10kN	台班	0.010	0.010	0.010	0.010	0.010

工作内容：运料、拆包、裁料、粘钉、安装、贴缝、修理找平。　　　　计量单位：m^3

编号				12-10-269	12-10-270	12-10-271
项目				通风管道（厚度 mm 以内）		
				30	40	50
名称			单位	消耗量		
人工	000203000	综合二类工	工日	2.114	1.655	1.336
材料	152303001	铝箔离心玻璃棉板	m^3	（1.030）	（1.030）	（1.030）
	144303009	铝箔胶带 45mm 卷	卷	3.480	2.610	2.090
	031502010	塑料保温钉	套	560.000	420.000	336.000
	143145001	氯丁胶 XY401、88#胶	kg	0.530	0.400	0.320
	031527005	割管刀片	片	2.000	2.000	2.000
机械	990503010	电动单筒慢速卷扬机 10kN	台班	0.120	0.120	0.120

十、橡塑管壳安装（管道）

工作内容：运料、下料、安装、贴缝、修理找平。　　　　计量单位：m^3

编号				12-10-272	12-10-273	12-10-274
项目				管道公称直径（mm 以内）		
				50	80	125
名称			单位	消耗量		
人工	000203000	综合二类工	工日	4.510	3.303	2.849
材料	151313001	橡塑管壳	m^3	（1.030）	（1.030）	（1.030）
	144303009	铝箔胶带 45mm 卷	卷	6.050	3.850	2.920
	144303022	贴缝胶带 9m	卷	4.250	3.250	2.180
	031527005	割管刀片	片	1.600	1.600	1.600

十一、橡塑板安装（管道、风管、阀门、法兰）

工作内容：运料、下料、安装、涂胶、贴缝、修理找平。 **计量单位：**m^3

编号				12-10-275	12-10-276	12-10-277	12-10-278	12-10-279
项目				管道（mm 以内）				
				125	200	300	400	500
名称			单位	消耗量				
人工	000203000	综合二类工	工日	3.298	2.849	2.408	2.095	1.655
材料	022101001	橡塑板	m^3	（1.030）	（1.030）	（1.030）	（1.030）	（1.030）
	144100002	胶粘剂	kg	6.280	6.100	5.880	5.700	5.500
	144303022	贴缝胶带 9m	卷	7.250	5.780	4.250	3.750	3.250
	031527005	割管刀片	片	1.600	1.600	1.600	1.600	1.600

工作内容：运料、下料、安装、涂胶、贴缝、修理找平。 **计量单位：**m^3

编号				12-10-280	12-10-281	12-10-282
项目				风管（厚度 mm 以内）		
				10	15	20
名称			单位	消耗量		
人工	000203000	综合二类工	工日	8.260	5.496	4.823
材料	022101001	橡塑板	m^3	（1.080）	（1.080）	（1.080）
	144100002	胶粘剂	kg	17.580	11.760	8.650
	144303022	贴缝胶带 9m	卷	5.150	3.310	2.580
	031527005	割管刀片	片	2.600	2.600	2.600

工作内容：运料、下料、安装、涂胶、贴缝、修理找平。 **计量单位：**m^3

编号				12-10-283	12-10-284	12-10-285
项目				风管（厚度 mm 以内）		
				25	32	40
名称			单位	消耗量		
人工	000203000	综合二类工	工日	4.228	3.493	2.666
材料	022101001	橡塑板	m^3	（1.080）	（1.080）	（1.080）
	144100002	胶粘剂	kg	6.780	5.290	4.150
	144303022	贴缝胶带 9m	卷	2.050	1.530	1.230
	031527005	割管刀片	片	2.600	2.600	2.600

工作内容：运料、下料、安装、涂胶、贴缝、修理找平。　　　　**计量单位：**10 个

编　　号				12-10-286	12-10-287	12-10-288	12-10-289	12-10-290
项　　目				阀门公称直径（mm 以内）				
				50	125	200	300	400
名　　称			单位	消　耗　量				
人工	000203000	综合二类工	工日	0.735	1.605	4.228	6.619	8.721
材料	022101001	橡塑板	m^3	（0.030）	（0.110）	（0.350）	（0.640）	（0.760）
	144100002	胶粘剂	kg	0.380	1.080	2.850	5.220	6.190
	144303022	贴缝胶带 9m	卷	0.540	0.840	1.140	1.410	1.600
	031527005	割管刀片	片	0.500	0.500	0.500	0.500	0.500

工作内容：运料、下料、安装、涂胶、贴缝、修理找平。　　　　**计量单位：**10 个

编　　号				12-10-291	12-10-292	12-10-293	12-10-294	12-10-295
项　　目				法兰公称直径（mm 以内）				
				50	125	200	300	400
名　　称			单位	消　耗　量				
人工	000203000	综合二类工	工日	0.277	1.594	1.777	2.218	2.942
材料	022101001	橡塑板	m^3	（0.020）	（0.080）	（0.140）	（0.260）	（0.350）
	144100002	胶粘剂	kg	0.240	0.780	1.140	2.120	2.850
	144303022	贴缝胶带 9m	卷	0.400	0.620	0.840	1.050	1.180
	031527005	割管刀片	片	0.500	0.500	0.500	0.500	0.500

十二、硬质聚苯乙烯泡沫板（风管）

工作内容：运料、裁料、安装、捆扎、抹缝、修理找平。　　　　**计量单位：**m^3

编　　号				12-10-296
项　　目				通风管道
				方、矩形
名　　称			单位	消　耗　量
人工	000203000	综合二类工	工日	4.314
材料	151301006	聚苯乙烯泡沫板 1000 × 150 × 50	m^3	（1.200）
	012900002	钢板（综合）	kg	4.000
	273103001	电阻丝	根	0.100
	031527005	割管刀片	片	0.500
	143165001	石膏粉 特制	kg	6.000
	130119001	白漆	kg	3.000
	142121001	醋酸酊酯	kg	0.500
	182519033	铁皮箍	kg	3.000

十三、绝热绳安装

工作内容： 1. 运料、缠绕安装、捆扎铁线、修理整平。
2. 运料、涂抹、检查。 **计量单位：** m^3

编号				12-10-297	12-10-298
项目				DN50mm 以下	
				复合硅酸铝绳安装	涂抹 A884 耐磨粘接剂
名称			单位	消耗量	
人工	000203000	综合二类工	工日	6.905	1.398
材料	152313001	绝热绳	m^3	(1.060)	—
	031507014	镀锌铁丝 ϕ1.6～1.2	kg	2.300	—
	144135004	A884 粘接剂	kg	—	6.500
机械	990503010	电动单筒慢速卷扬机 10kN	台班	0.120	—

十四、防潮层安装

工作内容： 卷布、缠布安装、绑扎铁线。 **计量单位：** $10m^2$

编号				12-10-299	12-10-300	12-10-301	12-10-302
项目				玻璃丝布		铁丝网	
				管道	设备	管道	设备
名称			单位	消耗量			
人工	000203000	综合二类工	工日	0.288	0.252	0.755	0.577
材料	150702011	玻璃丝布 δ0.5	m^2	(14.000)	(14.000)	—	—
	031505010	镀锌铁丝网 $\phi10 \times 10 \times 0.9$	m^2	—	—	(12.000)	(11.500)
	031507014	镀锌铁丝 ϕ1.6～1.2	kg	0.030	0.030	—	—
	031507016	镀锌铁丝 ϕ2.5～1.4	kg	—	—	0.500	0.500

工作内容：卷布、缠布安装、绑扎铁线。　　**计量单位：**$10m^2$

编　号				12-10-303	12-10-304	12-10-305
项　目				铝箔-复合玻璃钢		铝箔
				管道	设备	管道
名　称			单位	消　耗　量		
人工	000203000	综合二类工	工日	1.398	1.275	0.864
材料	022501001	铝箔复合玻璃钢	m^2	(12.000)	(12.000)	—
	030103044	镀锌自攻螺钉 ST4～6×20～35	10 个	21.000	18.000	—
	144100002	胶粘剂	kg	1.800	1.800	—
	031507016	镀锌铁丝 ϕ2.5～1.4	kg	—	—	0.030
	152306001	铝箔	m^2	—	—	14.000

工作内容：卷布、缠布安装、绑扎铁线。　　**计量单位：**$10m^2$

编　号				12-10-306	12-10-307	12-10-308	12-10-309
项　目				0.3mmCPU 防水卷材		0.6mmCPU 防水卷材	
				管道	设备	管道	设备
名　称			单位	消　耗　量			
人工	000203000	综合二类工	工日	0.750	0.706	0.899	0.750
材料	133315001	CUP 防水卷材 0.3mm	m^2	(14.000)	(14.000)	—	—
	133315002	CUP 防水卷材 0.6mm	m^2	—	—	(14.000)	(14.000)
	144307002	胶粘剂 502	kg	0.650	0.650	0.780	0.780

工作内容：卷布、缠布安装、绑扎铁线。　　**计量单位：**$10m^2$

编　号				12-10-310	12-10-311	12-10-312
项　目				沥青玛蹄脂 5mm 以内		
				玻璃布面	金属网面	保冷层面
名　称			单位	消　耗　量		
人工	000203000	综合二类工	工日	1.961	1.902	1.777
材料	142119004	石油沥青玛蹄脂（多组分）	kg	(62.040)	(62.040)	(62.040)
	020701001	橡胶手套	付	1.000	1.000	1.000

工作内容：卷布、缠布安装、绑扎铁线。　　　　**计量单位：**10m²

编号				12-10-313	12-10-314	12-10-315
项目				沥青玛蹄脂 8mm 以内		
				玻璃布面	金属网面	保冷层面
名称			单位	消耗量		
人工	000203000	综合二类工	工日	2.156	2.090	2.039
材料	142119004	石油沥青玛蹄脂（多组分）	kg	（99.260）	（99.260）	（99.260）
	020701001	橡胶手套	付	1.500	1.500	1.500

工作内容：卷布、缠布安装、绑扎铁线。　　　　**计量单位：**10m²

编号				12-10-316	12-10-317	12-10-318
项目				沥青玛蹄脂 10mm 以内		
				玻璃布面	金属网面	保冷层面
名称			单位	消耗量		
人工	000203000	综合二类工	工日	2.208	2.078	2.137
材料	142119004	石油沥青玛蹄脂（多组分）	kg	（124.080）	（124.080）	（124.080）
	020701001	橡胶手套	付	2.000	2.000	2.000

工作内容：卷布、缠布安装、绑扎铁线。　　　　**计量单位：**10m²

编号				12-10-319	12-10-320	12-10-321	12-10-322	12-10-323
项目				TO 树脂玻璃钢管道				
				一布二油	两布二油	两布三油	三布四油	四布五油
名称			单位	消耗量				
人工	000203000	综合二类工	工日	5.026	5.527	5.881	6.298	7.475
材料	130103016	树脂漆 TO	kg	（10.500）	（11.000）	（15.750）	（21.000）	（26.250）
	143513006	TO 固化剂	kg	（1.050）	（1.100）	（1.580）	（2.100）	（2.630）
	150702007	玻璃丝布（综合）	m²	（14.000）	（27.000）	（27.000）	（40.500）	（54.000）
	311713001	氧化铁红	kg	1.050	1.100	1.580	2.100	2.630
	143317001	动力苯	kg	1.580	1.650	2.360	3.150	3.940
	143155001	轻质碳酸钙	kg	3.680	3.850	5.510	7.350	9.190
	340907001	毛刷	把	1.250	2.379	2.748	4.373	6.215
机械	990601030	涡浆式混凝土搅拌机 500L	台班	0.050	0.060	0.070	0.080	0.100

十五、保护层安装

工作内容： 运料、和灰、抹灰、压光。 **计量单位：** 10m²

编号				12-10-324	12-10-325	12-10-326	12-10-327	12-10-328
项目				抹面保护层管道（厚度 mm 以内）				
				10	20	30	40	50
名称			单位	消耗量				
人工	000203000	综合二类工	工日	0.864	1.647	2.121	2.935	3.266
材料	130103015	抹面材料	m^3	（0.110）	（0.220）	（0.320）	（0.430）	（0.540）
	341101001	水	m^3	0.100	0.200	0.300	0.400	0.500
机械	990601030	涡浆式混凝土搅拌机 500L	台班	0.010	0.020	0.030	0.040	0.050

工作内容： 运料、和灰、抹灰、压光。 **计量单位：** 10m²

编号				12-10-329	12-10-330	12-10-331	12-10-332	12-10-333
项目				抹面保护层设备（厚度 mm 以内）				
				10	20	30	40	50
名称			单位	消耗量				
人工	000203000	综合二类工	工日	0.618	0.808	1.098	1.501	1.788
材料	130103015	抹面材料	m^3	（0.110）	（0.220）	（0.320）	（0.430）	（0.540）
	341101001	水	m^3	0.100	0.200	0.300	0.400	0.500
机械	990601030	涡浆式混凝土搅拌机 500L	台班	0.010	0.020	0.030	0.040	0.050

工作内容： 运料、和灰、抹灰、压光。 **计量单位：** 10m²

编号				12-10-334	12-10-335	12-10-336
项目				金属薄板钉口安装		
				管道	一般设备	球形设备
名称			单位	消耗量		
人工	000203000	综合二类工	工日	1.507	1.465	3.420
材料	012907013	镀锌薄钢板 δ0.5	m^2	（12.000）	（12.000）	（13.500）
	030103044	镀锌自攻螺钉 ST4～6×20～35	10个	17.400	17.200	12.200
机械	990503010	电动单筒慢速卷扬机 10kN	台班	0.170	0.170	0.170
	990732035	剪板机 20×2500mm	台班	0.120	0.100	0.050
	991237010	压鼓机	台班	0.040	0.040	0.100

工作内容：运料、和灰、抹灰、压光。 计量单位：$10m^2$

编号				12-10-337	12-10-338	12-10-339
项目				金属薄板挂口安装		
				管道	一般设备	球形设备
名称			单位	消耗量		
人工	000203000	综合二类工	工日	3.248	3.114	3.856
材料	012907013	镀锌薄钢板 δ0.5	m^2	（12.500）	（12.500）	（13.500）
	030103044	镀锌自攻螺钉 ST4～6×20～35	10个	6.000	6.000	—
机械	990503010	电动单筒慢速卷扬机 10kN	台班	0.170	0.170	0.170
	990732035	剪板机 20×2500mm	台班	0.120	0.120	0.120
	990739020	咬口机 1.5mm	台班	0.150	0.130	0.150

工作内容：运料、和灰、抹灰、压光。 计量单位：$10m^2$

编号				12-10-340	12-10-341	12-10-342
项目				铁皮保护层		
				涂抹密封胶	铆钉固定	钢带安装
名称			单位	消耗量		
人工	000203000	综合二类工	工日	0.404	0.245	0.888
材料	133503015	密封胶	kg	（0.650）	—	—
	013101001	钢带 20×0.5	m	—	—	（38.000）
	030101002	铆钉（综合）	10个	—	5.500	—

十六、金属保温盒、托盘、钩钉制作安装、金属压型板、冷粘胶带保护层

工作内容：运料、下料、制作、安装。　　**计量单位：**见表

编号				12-10-343	12-10-344	12-10-345	12-10-346
项目				托盘制作安装	钩钉制作安装	普通钢板盒制作安装	
						阀门	人孔
编号				100kg		10m²	
名称			单位	消耗量			
人工	000203000	综合二类工	工日	3.346	16.129	9.259	8.836
材料	012901007	热轧薄钢板 δ1.0～1.5	kg	(115.000)	—	(94.200)	(90.130)
	142909001	氧气	m³	3.550	—	1.000	1.000
	142907002	乙炔气	kg	1.210	—	0.320	0.320
	031301008	低碳钢焊条 J422（综合）	kg	1.000	14.300	—	—
	010903005	镀锌圆钢 ϕ6～10	kg	—	105.000	2.500	2.500
	011301001	扁钢 59 以内	kg	—	—	11.000	11.000
机械	990901010	交流弧焊机 21kV·A	台班	0.660	7.190	—	—
	990702010	钢筋切断机 40mm	台班	—	2.850	0.010	—
	991237010	压鼓机	台班	—	—	—	0.080
	990739020	咬口机 1.5mm	台班	—	—	—	0.080

工作内容：运料、下料、制作、安装。　　**计量单位：**10m²

编号				12-10-347	12-10-348	12-10-349
项目				镀锌铁皮盒制作安装		
				阀门	人孔	法兰
名称			单位	消耗量		
人工	000203000	综合二类工	工日	5.931	4.840	5.404
材料	012907013	镀锌薄钢板 δ0.5	m²	(13.600)	(13.500)	(13.500)
机械	991237010	压鼓机	台班	0.080	0.080	0.060
	990739020	咬口机 1.5mm	台班	0.080	0.080	0.060
	990734015	卷板机 20×2500mm	台班	—	0.080	0.060

工作内容：运料、下料、制作、安装。 **计量单位：**$10m^2$

编号				12-10-350	12-10-351	12-10-352	12-10-353
项目				金属铁皮制作压型板	金属压型板（大型储罐）		冷缠胶带保护层
					轻型	重型	
名称			单位	消耗量			
人工	000203000	综合二类工	工日	0.159	3.765	4.621	0.706
材料	012907013	镀锌薄钢板 δ0.5	m^2	（11.200）	—	—	—
	041735004	镀锌薄钢板波纹瓦	m^2	—	（12.000）	（12.000）	—
	030101004	铁铆钉	kg	—	0.010	—	—
	030101005	镀锌铆钉 M4	kg	—	0.040	0.062	—
	011300002	扁钢（综合）	kg	—	15.072	22.608	—
	031301008	低碳钢焊条 J422（综合）	kg	—	1.300	2.000	—
	143511004	专用稀释剂	kg	—	0.500	1.000	—
	142909001	氧气	m^3	—	0.750	1.200	—
	142907002	乙炔气	kg	—	0.285	0.456	—
	010901008	圆钢 ϕ10～14	kg	—	—	0.500	—
	133503003	防水密封胶	kg	—	—	0.300	—
	011900002	槽钢（综合）	kg	—	—	10.000	—
	170201007	无缝钢管 $D32\times3.5$	kg	—	—	0.500	—
	012900018	钢板 δ4.5～8	kg	—	—	24.000	—
	144303008	冷缠胶带	m^2	—	—	—	（14.000）
机械	990901010	交流弧焊机 21kV·A	台班	—	0.200	0.300	—
	990727010	立式钻床 25mm	台班	—	0.150	0.250	—
	991003070	电动空气压缩机 $10m^3$/min	台班	0.050	—	—	—

十七、防火涂料

1. 设 备

工作内容：运料、搅拌均匀、喷涂、清理。 **计量单位：**$10m^2$

编号				12-10-354	12-10-355	12-10-356	12-10-357	12-10-358
项目				厚型防火涂料（mm 以内）				
				10	15	20	25	30
名称			单位	消耗量				
人工	000203000	综合二类工	工日	0.921	1.256	1.676	2.095	2.512
材料	130501008	厚型防火涂料	kg	（61.770）	（84.210）	（112.270）	（140.320）	（168.370）
	350219002	零星卡具	kg	2.340	3.900	5.580	7.250	8.920
机械	990601010	涡浆式混凝土搅拌机 250L	台班	0.010	0.020	0.026	0.030	0.034
	991003040	电动空气压缩机 $3m^3/min$	台班	0.604	0.823	1.098	1.373	1.646

2. 管 道

工作内容：运料、搅拌均匀、喷涂、清理。 **计量单位：**$10m^2$

编号				12-10-359	12-10-360	12-10-361	12-10-362	12-10-363
项目				厚型防火涂料（mm 以内）				
				10	15	20	25	30
名称			单位	消耗量				
人工	000203000	综合二类工	工日	0.977	1.358	1.809	2.262	2.713
材料	130501008	厚型防火涂料	kg	（64.241）	（87.578）	（116.761）	（145.933）	（175.105）
	350219002	零星卡具	kg	2.380	3.710	5.280	6.880	8.480
机械	990601010	涡浆式混凝土搅拌机 250L	台班	0.010	0.021	0.028	0.031	0.037
	991003040	电动空气压缩机 $3m^3/min$	台班	0.628	0.856	1.142	1.428	1.712

3. 一般钢结构

工作内容：运料、搅拌均匀、（刷）喷涂、清理。 **计量单位**：100kg

编号				12-10-364	12-10-365	12-10-366	12-10-367	12-10-368
项目				超薄型防火涂料（mm 以内）				
				0.5	1.0	1.5	2.0	2.5
名称			单位	消耗量				
人工	000203000	综合二类工	工日	0.161	0.196	0.336	0.423	0.511
材料	130501004	超薄型防火涂料	kg	（2.474）	（4.861）	（7.265）	（9.675）	（12.079）
	350219002	零星卡具	kg	0.390	0.780	1.160	1.130	1.940
机械	991003040	电动空气压缩机 $3m^3/min$	台班	0.009	0.019	0.024	0.037	0.047

工作内容：运料、搅拌均匀、（刷）喷涂、清理。 **计量单位**：100kg

编号				12-10-369	12-10-370	12-10-371
项目				薄型防火涂料（mm 以内）		
				3	5	7
名称			单位	消耗量		
人工	000203000	综合二类工	工日	0.205	0.323	0.442
材料	130501002	薄型防火涂料	kg	（11.890）	（19.796）	（27.696）
	350219002	零星卡具	kg	0.820	1.370	1.810
机械	991003040	电动空气压缩机 $3m^3/min$	台班	0.070	0.117	0.163

4. 管廊钢结构

工作内容：运料、搅拌均匀、（刷）喷涂、清理。 **计量单位**：100kg

编号				12-10-372	12-10-373	12-10-374	12-10-375	12-10-376
项目				超薄型防火涂料（mm 以内）				
				0.5	1.0	1.5	2.0	2.5
名称			单位	消耗量				
人工	000203000	综合二类工	工日	0.123	0.189	0.257	0.323	0.391
材料	130501004	超薄型防火涂料	kg	（1.843）	（3.647）	（5.450）	（7.257）	（8.998）
	350219002	零星卡具	kg	0.320	0.620	0.920	1.230	1.540
机械	991003040	电动空气压缩机 $3m^3/min$	台班	0.006	0.012	0.018	0.024	0.030

工作内容：运料、搅拌均匀、（刷）喷涂、清理。 **计量单位**：100kg

编号				12-10-377	12-10-378	12-10-379
项目				薄型防火涂料（mm 以内）		
				3	5	7
名称			单位	消耗量		
人工	000203000	综合二类工	工日	0.166	0.261	0.359
材料	130501002	薄型防火涂料	kg	（8.919）	（14.848）	（20.775）
	350219002	零星卡具	kg	0.680	1.040	1.390
机械	991003040	电动空气压缩机 $3m^3/min$	台班	0.045	0.074	0.104

工作内容：运料、搅拌均匀、（刷）喷涂、清理。 **计量单位**：100kg

编号				12-10-380	12-10-381	12-10-382	12-10-383	12-10-384
项目				厚型防火涂料（mm 以内）				
				10	15	20	25	30
名称			单位	消耗量				
人工	000203000	综合二类工	工日	0.369	0.504	0.672	0.840	1.008
材料	130501008	厚型防火涂料	kg	（24.781）	（33.784）	（45.041）	（56.295）	（67.549）
	350219002	零星卡具	kg	0.790	1.240	1.750	2.280	2.870
机械	990601010	涡浆式混凝土搅拌机 250L	台班	0.004	0.008	0.011	0.012	0.013
	991003040	电动空气压缩机 $3m^3/min$	台班	0.242	0.330	0.441	0.551	0.661

5. 大型型钢钢结构

工作内容：运料、搅拌均匀、（刷）喷涂、清理。 **计量单位**：$10m^2$

编号				12-10-385	12-10-386	12-10-387	12-10-388	12-10-389
项目				超薄型防火涂料（mm 以内）				
				0.5	1.0	1.5	2.0	2.5
名称			单位	消耗量				
人工	000203000	综合二类工	工日	0.142	0.228	0.316	0.359	0.481
材料	130501004	超薄型防火涂料	kg	（4.915）	（9.725）	（14.530）	（19.350）	（24.160）
	350219002	零星卡具	kg	0.790	1.570	2.360	3.140	3.930
机械	991003040	电动空气压缩机 $3m^3/min$	台班	0.019	0.038	0.058	0.077	0.094

工作内容：运料、搅拌均匀、（刷）喷涂、清理。 **计量单位**：$10m^2$

编号				12-10-390	12-10-391	12-10-392
项目				薄型防火涂料（mm 以内）		
				3	5	7
名称			单位	消耗量		
人工	000203000	综合二类工	工日	0.257	0.412	0.543
材料	130501002	薄型防火涂料	kg	（23.309）	（38.803）	（54.292）
	350219002	零星卡具	kg	1.730	2.640	3.540
机械	991003040	电动空气压缩机 $3m^3/min$	台班	0.117	0.192	0.270

工作内容：运料、搅拌均匀、（刷）喷涂、清理。 **计量单位：**$10m^2$

编号				12-10-393	12-10-394	12-10-395
项目				厚型防火涂料（mm 以内）		
				10	15	20
名称			单位	消耗量		
人工	000203000	综合二类工	工日	0.413	0.520	0.759
材料	130501008	厚型防火涂料	kg	（64.860）	（88.420）	（117.885）
	350219002	零星卡具	kg	2.190	3.420	4.790
机械	990601010	涡浆式混凝土搅拌机 250L	台班	0.010	0.020	0.260
	991003040	电动空气压缩机 $3m^3/min$	台班	0.530	0.720	0.960

工作内容：运料、搅拌均匀、（刷）喷涂、清理。 **计量单位：**$10m^2$

编号				12-10-396	12-10-397	12-10-398
项目				厚型防火涂料（mm 以内）		防火涂料
				25	30	防水剂
						两遍
名称			单位	消耗量		
人工	000203000	综合二类工	工日	0.913	1.019	1.147
材料	130501008	厚型防火涂料	kg	（147.335）	（176.790）	—
	133505002	防水剂	kg	—	—	（3.200）
	350219002	零星卡具	kg	6.220	7.850	—
机械	990601010	涡浆式混凝土搅拌机 250L	台班	0.030	0.340	—
	991003040	电动空气压缩机 $3m^3/min$	台班	1.200	1.440	—

6. 防 火 土

工作内容：运料、拌料、和灰、涂抹、找平、压光。 **计量单位：**$10m^2$

编号				12-10-399	12-10-400	12-10-401
项目				涂抹防火土（厚度 mm 以内）		
				10	15	20
名称			单位	消耗量		
人工	000203000	综合二类工	工日	0.811	1.048	1.614
材料	040100004	水泥 32.5	kg	（28.600）	（42.900）	（57.200）
	130501008	厚型防火涂料	kg	（88.400）	（132.600）	（170.800）
	341101001	水	m^3	0.100	0.150	0.200
机械	990601030	涡浆式混凝土搅拌机 500L	台班	0.010	0.020	0.020

工作内容：运料、拌料、和灰、涂抹、找平、压光。 计量单位：$10m^2$

编号				12-10-402	12-10-403	12-10-404
项目				涂抹防火土（厚度 mm 以内）		
				30	40	50
名称			单位	消耗量		
人工	000203000	综合二类工	工日	2.404	3.187	3.424
材料	040100004	水泥 32.5	kg	（85.800）	（114.400）	（143.000）
	130501008	厚型防火涂料	kg	（265.200）	（352.600）	（442.000）
	341101001	水	m^3	0.300	0.400	0.500
机械	990601030	涡浆式混凝土搅拌机 500L	台班	0.030	0.040	0.050

十八、导热胶泥安装

工作内容：1. 施工准备、运料、缠绕安装、捆扎铁线、修理找平。
2. 施工准备、运料、涂抹、检查。 计量单位：m^3

编号				12-10-405
项目				导热胶泥涂抹
名称			单位	消耗量
人工	000203000	综合二类工	工日	5.079
材料	801510001	导热胶泥	m^3	（1.016）
	850103005	其他材料费	元	1.200

附　　录

一、表面防腐蚀涂层厚度表

序号	涂层名称	底层		中间层		面层	
		涂料名称	每一遍干膜厚度（μm）	涂料名称	干膜厚度（μm）	涂料名称	每一遍干膜厚度（μm）
1	氯化橡胶涂层	氯化橡胶底涂料	30			氯化橡胶面涂料	30
2	氯磺化聚乙烯涂层	氯磺化乙烯底涂料	30			氯磺化聚乙烯面涂料	30
3	聚氨酯涂层	聚氨酯底涂料	30			聚氨酯面涂料	35
4	丙烯酸聚氨酯涂层	丙烯酸聚氨酯底涂料	30			丙烯酸聚氨酯面涂料	30
5	环氧涂层	环氧铁红底涂料	30	环氧云铁中间涂料	40	环氧面涂料	30
6		环氧富锌底涂料	35				
7	丙烯酸环氧涂层	丙烯酸环氧底涂料	30			丙烯酸环氧面涂料	30
8	乙烯基酯（鳞片）涂层	乙烯基酯（鳞片）底涂料	35			乙烯基酯（鳞片）面涂料	80
9	醇酸涂层	醇酸底涂料	30			醇酸面涂料	30
10	丙烯酸涂层	丙烯酸底涂料	30			丙烯酸面涂料	30

二、法兰、阀门绝热及保护层工程量计算表

序号	公称直径	法兰		阀门	
		保护层（m^2/副）	绝热层（m^3/副）	保护层（m^2/个）	绝热层（m^3/个）
1	*DN*15	0.181	0.0090	0.167	0.0083
2	*DN*20	0.187	0.0093	0.192	0.0096
3	*DN*25	0.193	0.0096	0.208	0.0104
4	*DN*32	0.208	0.0104	0.246	0.0123
5	*DN*40	0.214	0.0107	0.275	0.0137

续前

序号	公称直径	法兰		阀门	
		保护层（m^2/副）	绝热层（m^3/副）	保护层（m^2/个）	绝热层（m^3/个）
6	*DN*50	0.223	0.0112	0.344	0.0172
7	*DN*65	0.236	0.0118	0.381	0.0190
8	*DN*80	0.245	0.0122	0.414	0.0207
9	*DN*100	0.257	0.0206	0.462	0.0369
10	*DN*125	0.276	0.0220	0.530	0.0424
11	*DN*150	0.297	0.0238	0.609	0.0487
12	*DN*200	0.331	0.0298	0.763	0.0687
13	*DN*250	0.556	0.0500	0.950	0.0855
14	*DN*300	0.606	0.0606	1.140	0.1140
15	*DN*350	0.661	0.0661	1.356	0.1356
16	*DN*400	0.716	0.0716	1.592	0.1592
17	*DN*450	0.771	0.0771	1.978	0.1978
18	*DN*500	0.840	0.0840	2.442	0.2442
19	*DN*600	0.955	0.0955	2.776	0.2776
20	*DN*700	1.102	0.1102	3.203	0.3203

注：1. 人孔保护层按 1.958m^2/个、绝热层按 0.167m^3/个计算工程量；设备上的手孔按法兰和接管进行计算。
2. 阀门的保护层和绝热层工程量中，不包括一副法兰的保护层和绝热层工程量。